"十四五"职业教育国家规划教材　　浙江省高职院校"十四五"重点立项建设教材

PHOTOSHOP CC GRAPHIC DESIGN CLASSIC EXAMPLE TUTORIAL

PHOTOSHOP CC
平面设计经典实例教程

主　编　陆丽芳
副主编　郑　蓉　陈　晓　杨芳圆　詹丝茗

北京理工大学出版社
BEIJING INSTITUTE OF TECHNOLOGY PRESS

内容简介

本书为"十四五"职业教育国家规划教材，是一本基于 Photoshop CC 的平面设计教材。全书主要分为四篇：基础篇、技能篇、图文制作篇和高级应用篇。基础篇介绍 Photoshop 相关入门知识；技能篇介绍图像抠取、修图、调色、合成和图标绘制等 Photoshop 实用技能；图文制作篇主要介绍 UI 图标绘制和字体设计等内容；高级应用篇通过主图、海报、Banner 等设计案例介绍 Photoshop 的高级应用。本书内容安排由易到难，案例实操性强、步骤清晰、分解详细，图文并茂，通俗易懂，与实践结合紧密。本书注重分析 Photoshop 中各操作工具的特点、适用范围和使用技巧，实例的选取具有典型性、实用性、美观性和技术性，帮助读者知其然、知其所以然。

本书可作为高职高专院校数字媒体、计算机、电子商务等相关专业的教材，也可供 Photoshop 自学者阅读学习，还可作为网店美工、网店创业者以及从事设计相关工作人员的参考书。

版权专有　侵权必究

图书在版编目（CIP）数据

Photoshop CC 平面设计经典实例教程 / 陆丽芳主编 .—北京：北京理工大学出版社，2020.3（2024.9 重印）

ISBN 978-7-5682-8200-0

Ⅰ．①P… Ⅱ．①陆… Ⅲ．①平面设计－图象处理软件－高等学校－教材　Ⅳ．① TP391.413

中国版本图书馆 CIP 数据核字（2020）第 035430 号

责任编辑：钟　博	文案编辑：钟　博
责任校对：周瑞红	责任印制：边心超

出版发行 / 北京理工大学出版社有限责任公司

社　　址 / 北京市丰台区四合庄路 6 号

邮　　编 / 100070

电　　话 /（010）68914026（教材售后服务热线）
　　　　　（010）68944437（课件资源服务热线）

网　　址 / http://www.bitpress.com.cn

版 印 次 / 2024 年 9 月第 1 版第 9 次印刷

印　　刷 / 河北鑫彩博图印刷有限公司

开　　本 / 889 mm × 1194 mm　1/16

印　　张 / 11

字　　数 / 353 千字

定　　价 / 59.80 元

图书出现印装质量问题，请拨打售后服务热线，负责调换

PREFACE
前言

Photoshop简称"PS",是由Adobe Systems公司开发和发行的图像处理软件之一,现在已经广泛应用于人们的日常工作和生活。无论是在照片处理还是在平面设计、电商视觉设计、网页设计、UI设计、插画设计和后期处理中,Photoshop都有着无法取代的地位,深受广大艺术设计人员和计算机美术爱好者的喜爱。

本教材内容以企业工作任务为导向,旨在帮助学生掌握设计行业的基础知识、软件技能和操作规范,掌握工作流程、设计方法和行业规范,培养职业道德和工匠精神,通过案例分析和实践,提高学生解决问题的能力,提升学生创新思维和系统思维,全面贯彻落实党的二十大精神,推动文化事业、文化产业和互联网行业发展。教材具有以下特色:

(1)教材坚持政治和价值导向,教材图例注重人文性和美观性,践行铸魂育人功能

教材内容坚持以习近平新时代中国特色社会主义思想为指导思想,坚持立德树人的根本任务,注重知识性、美观性、人文性和价值性的统一,教材内容中有机融入中华优秀传统文化、浙江地方文化、文旅融合、科技强国等中国元素,旨在培养学生的人文素养,开拓学生眼界,提升审美能力,增强学生民族文化自信,践行艺术设计类课程铸魂育人功能。

(2)坚持与时俱进,紧跟互联网行业发展步伐,凸显职教特色

教材案例对接专业人才培养目标和职业标准,充分体现职业教育需求,坚持与时俱进的原则,聚焦互联网行业发展的新趋势、新技术、新规范和岗位新需求,将主流互联网设计行业中的典型工作任务融入实例中,突出案例的职业性特征,使学生掌握软件技术的同时,掌握企业设计规范和工作流程,强化职业素养,培养吃苦耐劳和精益求精的工匠精神,增强社会责任感,有效对接岗位需求。

（3）坚持系统观念，注重创新思维和系统思维的培养，提升综合能力

教材案例采用"知识点+适用范围+使用技巧+实例练习+技术拓展+技巧提示"的模式编写，注重同类工具的分析比较和应用拓展，符合学生认知规律和使用习惯，帮助学生熟悉工作流程和巩固操作技能，提高分析问题和解决问题的能力，培养创新思维和系统思维，有效提升综合应用能力。

（4）依托省级精品在线开放课程，数字资源丰富立体，助力混合式教学改革

本教材为省级精品在线开放课程的配套教材，数字资源丰富立体，配套数字资源包括教学视频、教学课件、素材包、案例源文件、试题库，以及大量的企业项目资源等，本书提供了教材案例的配套教学视频，在每个案例后面以二维码的形式呈现，扫码即可在线观看教学视频，能有效拓展学生学习的深度和广度，适应"互联网+职业教育"发展需求，助力线上线下混合教学模式的改革。如需更多教学资源，可登录浙江省高等学校在线开放课程共享平台（http://www.zjooc.cn/）以学生身份进行免费注册，并在网站中搜索高职类课程"图形界面设计软件"，进入课程主页即可在线学习和资料下载。

本书共9章，由杭州职业技术学院、绍兴职业技术学院、杭州全速网络技术有限公司的教师与专家共同编写。全书由陆丽芳拟订框架，并负责统稿和修改。其中第1章至第6章，以及第9章部分内容由陆丽芳编写；第7章由郑蓉编写；第8章由陈晓编写；第9章部分内容和行业规范由詹丝茗编写；绍兴职业技术学院杨芳圆也参与了部分内容的编写。

本书是校企合作开发教材，杭州全速网络技术有限公司教育主管洪德志和设计主管杨凌峰、阿里巴巴集团高级设计师盛晓峰、贝贝网设计师徐丽婷、文思海辉技术有限公司设计主管何顺、猫友网设计总监李超、开三云匠网设计主管史春阳以及杭州点雇网设计主管丁美玲等对本书的编写思路和框架提出了宝贵的意见，并提供了部分案例图片素材，在此深表感谢。本书的编写得到了学校和学院领导的大力支持，也得到了同事和亲人朋友的大力支持，在此一并表示感谢。另外，本书在编写过程中引用了大量天猫、淘宝、花瓣等网站及微信公众号中的文献资料，在此向所有文献资料的作者表示诚挚的感谢。最后，感谢北京理工大学出版社编辑的辛苦付出。

由于编者水平有限，书中难免存在不足之处，恳请专家、读者批评指正。

编　者

CONTENTS 目录

第 1 篇 基础篇

第 1 章 走进 Photoshop 的世界 // 002

1.1 Photoshop 的应用领域 // 002
1.2 Photoshop 工作界面介绍 // 005
1.3 Photoshop 常用术语 // 005

第 2 章 软件入门 // 009

2.1 文件的基本操作 // 010
2.2 图像构图修改 // 012
2.3 图像大小调整 // 016
2.4 画布大小调整 // 017

第 2 篇 技能篇

第 3 章 图像修图技术 // 020

3.1 "仿制图章工具"修图 // 021
3.2 "修复画笔工具"修图 // 025
3.3 "污点修复画笔工具"修图 // 026
3.4 "修补工具"修图 // 027
3.5 "内容识别"命令修图 // 028
3.6 "液化"滤镜修图 // 029
3.7 电商模特修图 // 030

第 4 章 图像调色技术 // 033

4.1 色彩知识 // 034
4.2 图像明暗调整 // 038
4.3 图像色彩调整 // 043
4.4 特殊风格调色 // 052

第 5 章 图像抠图和绘图技术 // 056

5.1 图像快速抠图 // 057
5.2 产品精确抠图 // 062
5.3 透明产品抠图 // 068
5.4 植物通道抠图 // 070
5.5 毛发抠图 // 071
5.6 插图的绘制 // 073

第 6 章 图像合成技术 // 077

6.1 图层知识 // 078
6.2 图像简单合成 // 081
6.3 图像合成之剪贴蒙版 // 084
6.4 图像精确合成 // 085
6.5 图层混合模式合成 // 090
6.6 房地产海报设计 // 094

CONTENTS 目录

第 3 篇 图文制作篇

第 7 章　UI 图标绘制　// 100

7.1　UI 图标知识　// 101

7.2　UI 扁平图标绘制　// 102

7.3　UI 立体图标绘制　// 109

第 8 章　字体设计　// 123

8.1　字体基础知识　// 124

8.2　文字创建　// 127

8.3　字体设计　// 133

第 4 篇 高级应用篇

第 9 章　电商视觉设计　// 147

9.1　电熨斗主图设计　// 148

9.2　启动图设计　// 155

9.3　电器 Banner 设计　// 160

9.4　美食 banner 设计　// 162

9.5　综合实训　// 164

附　录

附录 1　Photoshop 快捷键　// 168　　附录 2　电商行业设计规范　// 168

附录 3　习题答案　// 169　　附录 4　Photoshop 中常见问题及解决方法　// 169

参考文献　// 170

第1篇
FIRST ARTICLES

基础篇

第1章 走进 Photoshop 的世界

内容概述

本章主要列举 Photoshop 软件在各个领域的应用情况，重点介绍 Photoshop 软件的工作界面布局和在平面设计领域中常用的知识概念，为初学者学习 Photoshop 软件打下良好的基础。

学习目标

1. 了解 Photoshop 的应用领域；掌握 PS 软件的界面布局；
2. 了解设计行业的相关知识概念，如位图与矢量图、像素与分辨率、颜色模式、图片格式等；
3. 开拓专业视野，弘扬民族传统文化，树立正确的审美观。

本章重点

1. Photoshop 软件的工作界面布局；
2. 常见的颜色模式和图片格式；
3. 像素和分辨率的相关知识。

1.1 Photoshop的应用领域

Photoshop 是一个功能很强大的图像编辑软件，广泛应用于人们的日常工作与生活。无论在照片处理还是在平面设计、电商视觉设计、网页设计、UI 设计、插画设计和后期处理中，Photoshop 都有着无法取代的地位。

1.1.1 数码照片处理

随着审美水平的提高，人们对数码照片的要求也越来越高。Photoshop 对人像和风景照片具有强大的修饰功能，如美白、去瑕疵、润色、瘦身等，如图 1.1 所示。利用这些功能，可以快速修复一张令人不满意的风景照片，也可以修复照片中人脸上的斑点等缺陷。

图 1.1　数码照片处理

在广告摄影行业，除了可利用 Photoshop 对数码照片进行修饰之外，还可利用 Photoshop 对照片进行合成处理，以达到广告视觉效果，如图 1.2 所示。

图 1.2　广告摄影合成

1.1.2　平面设计

平面设计是 Photoshop 应用最为广泛的领域。海报设计、招贴设计、画册设计、杂志设计、书籍封面设计等通常都需要使用 Photoshop 软件对图像进行处理，如图 1.3 所示。

图 1.3　书籍设计

1.1.3　电商视觉设计

随着互联网和电子商务的发展，网购已经成为消费者的主要购物方式，电商平台剧增，网购平台之间、卖家之间的竞争愈演愈烈。网购平台和卖家一般会通过提升视觉设计效果来抓住消费者的眼球，提高消费者的购买欲，因此网购平台和店铺的视觉营销设计就显得格外重要。电商设计师的设计工作主要包括个人计算机（PC）端和手机端的店铺首页设计、详情页设计、主图设计、海报设计和图片处理等，主要使用 Photoshop 来完成，内容包括产品处理排版、配色和字体设计等，通过设计实现活动和产品的推广，如图 1.4 所示。

图 1.4　电商视觉设计

1.1.4　网页设计

网站不仅可以代表企业的形象，更是推广产品、收集市场信息的重要渠道。为了提升企业品牌形象，创建符合企业特点的网站，是网页设计者们追求的目标。Photoshop 是制作网页页面时必不可少的图像处理软件。

1.1.5　UI设计

UI 设计也称为界面设计，是指对软件的人机交互、操作逻辑、界面美观的整体设计。好的 UI 设计不仅能让软件变得有个性、有品位，还能让软件的操作变得舒适、简单、自由，充分体现软件的定位和特点。随着智能手机的普及，App 界面设计受到越来越多的软件企业及开发者的重视。UI 设计师大多使用 Photoshop 软件进行 App 图标设计和界面设计等，如图 1.5 和图 1.6 所示。

图 1.5　App 图标设计　　　　　　　　　图 1.6　App 界面设计

1.1.6　插画设计

插画作为现代设计的一种重要的视觉传达形式，以其直观的形象、真实的生活美和感染力，在现代设计中占有特定的地位，已广泛用于现代设计的多个领域，涉及文化活动、社会公共事业、商业活动、影视文化等方面。插画可以分为艺术性插画和商业性插画，一般为企业、产品、宣传、修饰等所绘制的图画，都归于商业性插画范畴，如图 1.7 所示。Photoshop 具有很强的绘画和调色功能，所以插画设计者一般会使用 Photoshop 先绘制插画线稿，再对线稿进行上色处理，设计出各种风格的插画作品。

图 1.7　插画设计

1.1.7　后期处理

在建筑设计领域，使用三维软件制作好建筑效果图之后，通常需要使用 Photoshop 增加人物、绿化、天空等场景效果，以使效果图更具层次感、真实感，如图 1.8 所示。

图 1.8　后期处理

> **小贴士**
>
> Photoshop 的专长在于图像处理，而不是图形创作。图像处理是对已有的位图图像进行编辑加工处理以及添加一些特殊的效果，其重点在于对图像的处理加工；图形创作软件是按照自己的创意构思来设计图形。

1.2 Photoshop工作界面介绍

Photoshop 的版本有很多，各个版本的常用基础功能相差不大，只能说版本越高的功能越多，易用性更高，也更智能，因此，如果已经习惯了一个版本，可以不用过度追求最新版本。目前运用较多的有 CS6 和 CC 版本。本书以 CC 2015 版本为基础进行讲解。需要注意的是，CC 版本目前已不再支持 Windows XP 及同级操作系统，其工作界面如图 1.9 所示。

图 1.9　Photoshop CC 2015 工作界面

1. 菜单栏

熟悉常用的菜单命令以后，应尽可能使用快捷键操作。常用的菜单命令如下：

（1）"文件"菜单：包含"新建""打开""储存""储存为"等命令。

（2）"编辑"菜单：包含"定义图案""定义画笔""首选项"等命令。

（3）"图像"菜单：包含"模式""调整"等命令。通过"调整"命令可以改变图像的颜色、亮度和对比度等。

（4）"滤镜"菜单：可以给图像增加滤镜效果。

（5）"窗口"菜单：主要用于控制 Photoshop 工作界面中浮动面板部分的功能布局，可以隐藏或显示任一功能模块，常用的功能模块有"图层""路径""通道""历史记录""属性"等。

2. 属性栏

属性栏也称为工具属性栏，选择不同的工具，工具属性栏上的属性参数也会相应改变。

3. 浮动面板

浮动面板主要由"窗口"菜单来控制，在"窗口"菜单中，前面打钩的，表示其浮动面板已经显示，没有打钩的则未显示。可以通过选择"窗口"菜单中的某一命令控制该命令在浮动面板上是否显示。

> **小贴士**
>
> （1）任何一个浮动面板都可以被随意拖动到屏幕上的任一位置，如果觉得屏幕混乱，可以通过"窗口"→"工作区"→"复位调板位置"命令迅速将浮动面板恢复到系统默认位置。
>
> （2）显示和隐藏浮动面板：按"Shift+Tab"组合键。

4. 标尺栏

执行"视图"→"标尺"命令，控制是否在工作区中显示标尺栏，可以在标尺栏的任意位置单击鼠标右键，改变文件的单位，如图 1.10 所示。

图 1.10　文件的单位选择

5. 工具栏

将鼠标指针放在某个工具上，可以显示这个工具的名称。有些工具的右下角还有一个三角，表示这是一个组合工具，还包含其他工具。单击这个三角，就可以显示里面包含的所有工具。

6. 工作区

可以在工作区中同时打开多个文件窗口，可以按住文件窗口的标题栏，随意调整窗口的大小和位置。

7. 状态栏

状态栏位于 Photoshop 文档窗口的底部，用来显示文件的缩放比例和大小，还可以通过单击状态栏，查看文件的宽、高、模式和分辨率等。当保存较大文件时，状态栏还会显示保存进度。

1.3 Photoshop常用术语

1.3.1 位图与矢量图

图像有两大类，一类是位图，一类是矢量图。很多初学者对位图和矢量图理解得不深刻，导致后期作品中出现各种不同的问题。本节旨在探讨平面设计中的矢量图和位图的基本特征、文件格式和常用软件，希望为初学者更进一步的学习打下良好的基础。如果已经对位图和矢量图有清晰的认识，可以略过本节。

位图与矢量图的主要区别体现在如下几个方面。

1. 位图与矢量图的构成区别

位图是由一个个单一颜色的正方形像素点（Pixel）构成的，像素是构成图像的最小单位。当放大图像时，像素点也被放大了，就是大家经常见到的马赛克状或锯齿状，它会影响图像的清晰度，从而导致图像失真，如图1.11和图1.12所示。

图1.11 位图效果

图1.12 位图放大效果

矢量图是由矢量线和图块组成的，无论怎么放大，都不会影响清晰度，不会失真，如图1.13所示。

图1.13 矢量图放大效果

2. 位图与矢量图的色彩区别

位图可以表现的色彩比较多，图像颜色和层次丰富，善于重现现实中的色彩。

矢量图颜色相对较少，图像颜色和层次单一，不真实生动。

3. 位图与矢量图的文件大小区别

位图文件体积大，图像的色彩越丰富，文件越大。

矢量图文件体积比位图要文件小很多。

4. 位图与矢量图的制作软件区别

位图常用的软件有Photoshop、Photo Painter、Photo Impact、Paint Shop Pro、Painter等。

矢量图常用的软件有Illustrator、CorelDraw、FreeHand、AutoCAD等。

> **小贴士**
>
> 通过软件，矢量图可以轻松地转化为位图，而位图转化为矢量图就需要经过复杂而庞大的数据处理，而且生成的矢量图的质量绝不能和原来的图形相比。

1.3.2 图像分辨率

什么是图像分辨率？为什么要强调它？图像分辨率是设计师经常用到的一个知识点。

图像分辨率指图像中存储的信息量，是指每英寸[①]图像内有多少个像素点，分辨率的单位为PPI（Pixels Per Inch），通常叫作像素每英寸。图像分辨率一般用于改变图像的清晰度。

高分辨率的图像比同尺寸低分辨率的图像所包含的像素更多，细节更清楚。图像越清晰，其所占内存也就越大。

> **小贴士**
>
> （1）文件用于计算机或网络显示，分辨率设置为72像素/英寸即可。
>
> （2）文件用于一般的打印，如喷绘打印，分辨率宜设置为100~150像素/英寸。
>
> （3）文件用于印刷品，如画册打印，分辨率需要设置为300像素/英寸及以上。
>
> 总之，对于不同的用途，分辨率设置得恰当即可。分辨率太高，占内存太大，影响运行速度；反之则细节表现不足。

1.3.3 图像色彩模式

每当设计师开始制作新图像的时候，首先要根据图像的用途确定色彩模式，所以设计师要了解色彩模式的特点和用途。

1. RGB颜色模式

RGB颜色模式是Photoshop中最常用的色彩模式，也是Photoshop的默认色彩模式，该模式的色彩丰富且饱满，显示的图像质量最高。RGB分别代表红、绿、蓝三原色，并组成红、绿、蓝3种颜色通道，每个颜色通道包含8位颜色信息，每一种信息用0~255的亮度值来表示，属于加色模式，因此这3个通道可以组合产生1670多万种不同的颜色。

RGB颜色模式适用于显示器、投影仪、扫描仪、数码相机等。

2. CMYK颜色模式

CMYK颜色模式也是常用的一种颜色模式，当对图像进行印刷和打印时，必须将图像的颜色模式转换为

[①] 1英寸=0.025 4米。

CMYK 颜色模式。CMYK 颜色模式主要是由 C（青）、M（洋红）、Y（黄）、K（黑）4 种颜色相减而配色的，属于减色模式。CMYK 颜色模式的颜色取值范围是 0～100，所以颜色数量比 RGB 颜色模式少。可以通过控制这 4 种颜色的油墨在纸张上的叠加印刷来产生各种色彩，也就是人们所说的四色印刷。

CMYK 颜色模式主要适用于打印机、印刷机等印刷方面，是印刷品的唯一颜色模式。

小贴士

在印刷时如果包含这 4 色的纯色，则必须为 100% 的纯色。例如，黑色如果在印刷时不设置为纯黑，则在印刷胶片时不会发送成功，即图像无法印刷。CMYK 通道灰度图中偏白表示油墨含量低，反之，表示发光程度低，油墨含量高。在 CMYK 颜色模式下 Photoshop 的许多滤镜效果无法使用。

3. Lab 颜色模式

Lab 颜色模式是 Photoshop 在不同颜色模式之间转换时使用的中间颜色模式。L 为无色通道，a 为 red-green 通道，b 为 yellow-blue 通道，是比较接近人眼视觉显示的一种颜色模式。

4. 灰度颜色模式

灰度图像中只有灰度颜色而没有彩色。灰度颜色模式可以使用多达 256 级灰度来表现图像，使图像的过渡更平滑细腻。灰度图像的每个像素有一个 0（黑色）～255（白色）的亮度值。灰度值也可以用黑色油墨覆盖的百分比来表示（0% 等于白色，100% 等于黑色）。使用灰度扫描仪产生的图像常以灰度显示。

5. 索引颜色模式

索引颜色模式是网上和动画中常用的颜色模式，当彩色图像转换为索引颜色图像后包含近 256 种颜色。如果原图像中颜色不能用 256 色表现，则 Photoshop 会从可使用的颜色中选出最相近的颜色来模拟这些颜色，这样可以减小图像文件的尺寸。索引颜色图像包含一个颜色表，用来存放图像中的颜色并为这些颜色建立索引。颜色表可在转换的过程中定义或在声称索引图像后修改。

6. 多通道颜色模式

多通道颜色模式对有特殊打印要求的图像非常有用。例如，如果图像中只使用了一两种或两三种颜色时，使用多通道颜色模式可以减少印刷成本并保证图像颜色的正确输出。该模式下的每个通道都为 256 级灰度通道。如果删除了 RGB、CMYK、Lab 颜色模式中的某个通道，图像将自动转换为多通道颜色模式。

7. 位图颜色模式

位图颜色模式用来表示最简单的黑白图，即每个像素占用 1bit，非黑即白。不过，尽管图像中只包含黑色和白色，但通过像素的疏密排列，仍可将图像组合成近似视觉上的灰度图。

小贴士

在实际工作中用到最多的就是 RGB 和 CMYK 两大颜色模式，RGB 颜色模式也可直接用于打印，系统会自动转换颜色模式。但不建议这样做，因为 RGB 颜色模式的色域比 CMYK 颜色模式大，打印出来的图像和设计时的颜色会有偏差。

1.3.4 图像格式

Photoshop 文件处理完之后，可以通过执行"文件"→"存储为"命令进行保存。在对话框中可以设置文件保存的路径和格式。文件存储的格式有很多，下面介绍一些常用的文件格式。

1. PSD

PSD 是 Photoshop 默认的文件保存格式，也称为源文件格式，可以保留文件中所有图层及其他样式的内容。

小贴士

如果保存以后还要进一步修改源文件，建议先将文件保存为 PSD 格式，再根据需要另存一份其他格式的图片文件。

2. PNG

PNG 是一种高清质量的透明背景文件格式，是制作图像素材的首选格式。

3. JPG/JPEG

JPG/JPEG 是最常用、最普遍的图片格式，是一种采用有损压缩方式的文件格式，打开时自动解压，压缩级别和图像品质成反比。最佳品质产生的效果与原图像几乎无分别。媒体浏览、小尺寸打印首选该格式，但有损压缩容易造成图像中的数据丢失。因为 JPG/JPEG 图像的尺寸小，下载速度快，所以各类浏览器都支持这种图像格式。JPG/JPEG 支持位图、索引、灰度和 RGB 颜色模式，但不支持 Alpha 通道。

JPEG2000 的压缩率比 JPG/JPEG 高 30% 左右，同时支持有损压缩和无损压缩。

JPG/JPEG 立体格式用得很少。

4．TIFF/TIF

TIFF/TIF 的全称是标签图像文件格式，是跨越 Mac 和 PC 平台最广泛的图像打印文件格式，广泛应用于对图像质量要求较高的图像存储和转换，在 Photoshop 中可以保存文件的路径和图层，几乎被所有绘画图像类软件支持，最大可支持 4 GB 文件大小。

5．BMP

BMP 是 Windows 操作系统中的标准图像文件格式，图像信息丰富，几乎不进行压缩，因此所占的内存空间也比较大。Windows 环境中运行的图形图像软件都支持 BMP 图像格式。它支持 8 位、16 位、24 位的颜色，图像清晰度较高，文件容量较大。

6．PDF（便携文档格式）

PDF 是一种灵活、跨平台、跨应用程序的便携文件格式，可以精确地保留字体、页面版式及矢量图和位图图形。如果有打印需求，使用 PDF 格式也是优选。PDF 格式文件可以保证准确的图片质量和打印效果。另外，PDF 文件包含电子文档搜索和导航功能（如电子链接），支持 8、16 位/通道图像。

7．GIF

GIF 是图像交换格式的简称，是由美国 CompuServe 公司在 1987 年提出的。GIF 的图像压缩率在 50% 左右，是一种用 LZW 无损压缩的格式，目的在于最小化文件大小和数据传输时间。它可以同时存储多幅图像，支持透明背景和动画，通常用来做简单的动图，被广泛用于网络中。

8．EPS

EPS 是通用的行业标准格式，既包含像素信息也包含矢量图信息，并且支持位图、灰度、索引、Lab、RGB、CMYK 颜色模式等。它在 MAC 和 PC 环境中都可以使用，但是需要占用比较大的内存，如果仅需要保存图像，最好不要用 EPS 格式。

9．Web

在 Photoshop 中将文件存储为 Web 格式，一般是要保存动画 GIF 和切片。Web 是一种有损压缩的图片格式，所以 Web 储存比普通储存格式所占的空间要小，利于网络传播，因为网上的图片过大会影响网页的打开速度，因此 Web 格式主要用于网页。

学习链接

走进 Photoshop 的世界

学/习/评/价/表

一级指标	二级指标	评价内容	评价方式		
			自评	互评	教师评价
职业能力（100%）	岗位认知（40%）	能描述 Photoshop 软件的应用领域，能判断作品类型			
	专业术语认知（60%）	能描述平面设计领域的常用专业术语			

本/章/习/题

1．请列举几个 Photoshop 的应用领域。

2．Photoshop 创建的图像为_____类型的文件。

3．位图是由一个个最小单位的_____组成的。

4．Photoshop 最常用的两个颜色模式是_____和_____颜色模式。

5．Photoshop 的源文件格式为_____。

6．打开标尺栏的快捷键是_____。

CHAPTER 2

第 2 章 软件入门

内容概述

本章主要介绍 Photoshop 软件的基本操作，包括文件的新建、打开、保存，视图的大小调整、平移，图像裁剪、图像大小调整和画布大小调整等。在介绍基本操作时为学生分别列举了菜单命令方式、快捷键方式的操作方法，并进行了比较，学生可以根据自身情况进行选择。本章的学习可以为后续章节打下一个良好的操作基础，建立操作习惯，提高工作效率。

学习目标

1. 了解文件的新建、打开、保存和关闭等基本操作；
2. 了解视图的基本操作；
3. 掌握图像构图修改，如图像裁剪、图像倾斜、图像透视等问题矫正等；
4. 掌握图像和画布大小的调整方法；
5. 培养规范操作的意识。

本章重点

1. 文件的基本操作方法；
2. 图像的二次构图方法；
3. 图像大小调整的方法。

2.1 文件的基本操作

文件的操作可以通过菜单命令方式和快捷键方式完成，常用的操作建议使用快捷键方式，但一定要注意在英文输入法时才能有效使用快捷键。

2.1.1 新建文件

步骤1：新建文件有两种方法。
方法1：执行"文件"→"新建"命令。
方法2：按"Ctrl+N"组合键。
步骤2：在弹出的对话框（图2.1）中输入文件名称，也可以在保存时输入。
步骤3：在弹出的对话框中，输入文件的宽和高，单位建议选择像素或毫米。如果要设计海报作品，也可以在"预设"栏中直接选择"国际标准纸张"选项，如选择大小为A4。
步骤4：按照文件的用途设置文件分辨率，具体设置数值请参考第1章。
步骤5：其他保持默认，单击"确定"按钮，完成新建文件操作。

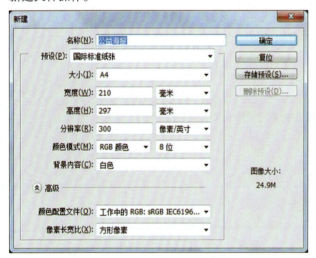

图2.1 "新建"对话框

2.1.2 打开文件

打开文件的方法有三种，建议使用第三种方法。
方法1：执行"文件"→"打开"命令，找到文件所在的路径，选择一个或多个文件，即可打开。

方法2：按"Ctrl+O"组合键，找到文件所在的路径，选择一个或多个文件，即可打开文件。
方法3：先找到文件所在的路径，如果工作区中还没有打开的文件，可以直接将需要打开的文件用鼠标拖曳到Photoshop的工作区。如果工作区中已经有打开的文件，则将需要打开的文件用鼠标拖曳到工作区状态栏的空白处，如图2.2所示。

图2.2 状态栏的空白处

操作时一般会在工作区中同时打开多个文件，如图2.3所示。但同一时间，任何操作命令，只对选中的文件有效。其中选中文件的状态栏是高亮显示的（目前是文件3）。

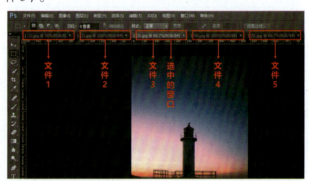

图2.3 同一时间打开多个文件

对文件的选中状态进行切换的方法如下：
方法1：可以直接单击某个文件的状态栏，即可选中该文件。
方法2：在"窗口"菜单的最下方，罗列了当前打开的所有文件名称，如图2.4所示，打钩的代表当前文件，可以在"窗口"菜单中直接单击其他文件名称，即可完成切换。
方法3：按"Ctrl+Tab"组合键进行窗口切换。建议使用此方法。

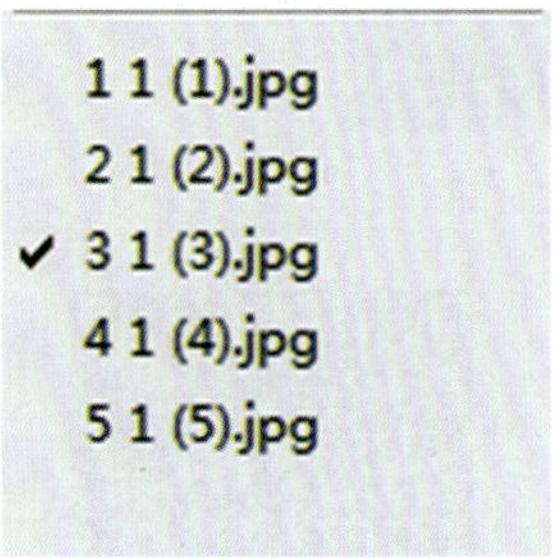

图 2.4 "窗口"菜单中打开的文件名称列表

2.1.3 保存文件

图像处理完以后，需要进行保存，通常需要将图像保存成两份，一份是便于后续修改的 PSD 文件，一份是用户在不同平台中使用的格式文件，如 JPG、PNG 或者 TIFF 格式等。

具体操作步骤如下：

步骤 1：执行"文件"→"存储为"命令，或者直接按"Ctrl+S"组合键。

步骤 2：在弹出的对话框中选择文件要保存的位置。

步骤 3：输入文件名。

步骤 4：选择文件存储格式。

2.1.4 关闭文件

文件保存好或者操作完成以后，可以关闭某一文件或所有文件，下面介绍具体操作方法。

1. 关闭单个文件

方法 1：直接单击某一文件状态栏上的关闭按钮，如图 2.5 所示。

图 2.5 关闭按钮

方法 2：执行"文件"→"关闭"命令。
方法 3：按"Ctrl+W"组合键。

2. 多个文件关闭

方法 1：执行"文件"→"关闭全部"命令。
方法 2：按"Alt+Ctrl+W"组合键。

2.1.5 常见视图操作

1. 视图大小调整

视图大小调整并不是调整文件大小，而是改变场景的远近关系。视图大小调整有三种方法，建议使用第二种方法。

方法 1：使用"缩放工具"，操作速度最慢。
方法 2：使 Alt 键 + 滚轮，操作速度最快。
放大视图：按住 Alt 键，向上滚动鼠标滚轮。
缩小视图：按住 Alt 键，向下滚动鼠标滚轮。
方法 3：使用 Ctrl 键与 + 或 − 键，操作速度中等。
放大视图：按住 Ctrl 键，按 + 键。
缩小视图：按住 Ctrl 键，按 − 键。

2. 视图平移

只有文件的内容超过工作区时，视图平移才有效。视图平移有两种方法，建议使用第二种方法。

方法 1：直接使用"抓手工具"。
方法 2：使用 Spacebar 键 + 方向键。

3. 创建参考线

在设计制作作品的时候，可以借助参考线让各个不同的对象进行对齐，还可以通过参考线规定设计区域。

如图 2.6 所示，在淘宝平台首页钻展图设计时，需要创建一条离左边缘 30 像素的垂直参考线，这不仅方便对角标、文案和按钮对象进行对齐，还可以有效控制文案离左边缘的安全距离。

图 2.6 淘宝平台首页钻展图垂直参考线

创建参考线的方法如下：

步骤 1：打开标尺栏，建议使用方法 2。
方法 1：执行"视图"→"标尺"命令。
方法 2：使用组合键"Ctrl+R"，再次使用可以隐藏标尺栏。

步骤 2：根据需要创建参考线，执行"视图"→"新建参考线"命令。

步骤 3：在弹出的对话框（图 2.7）中，选择"垂直"选项。

步骤4：设置"位置"为30像素。

步骤5：单击"确定"按钮，完成参考线的创建。

图2.7 "新建参考线"对话框

小贴士

以上过程适用于参考线的位置比较精确的情况。如果参考线的位置不需要很精确，可以从标尺栏的位置使用鼠标直接拖曳出参考线。

在创建参考线之后，如果想删除某一条参考线，可以先在工具栏中选择"移动工具"，然后用鼠标将该参考线拖曳到标尺栏中即可。

在制作过程中，如果觉得参考线的存在影响了作品的预览，按"Ctrl+;"组合键就可以隐藏参考线，再次按"Ctrl+;"组合键又可以显示原来的参考线。

2.1.6 返回操作

在 Photoshop 中，最人性化的就是可以对错误的操作进行撤销，具体方法如下：

方法1：按"Ctrl+Z"组合键，只能返回到上一步。

方法2：按"Ctrl+Alt+Z"组合键，可以返回多个步骤。

方法3：通过历史记录返回到某一步，但是返回的步骤有限，如图2.8所示。

图2.8 "历史记录"面板

学习链接

文件的基本操作

2.2 图像构图修改

2.2.1 图像裁剪

摄影照片如果用于设计作品中，一般来说都需要进行构图修改，也就是进行图像裁剪。通过图像裁剪不仅可以修改照片尺寸，去除不需要的部分，还可以给人们传达完全不同的心理感受。图像裁剪可以分为任意裁剪和固定大小裁剪。

图2.9和图2.10所示是手机端关于美食的广告作品，广告主要由文案和美食产品素材构成，构图非常饱满，产品图片素材的外侧部分都进行了裁剪，以特写的形式呈现，增强了广告的品质感，也拉近了主体产品与用户的距离，可以清晰地向用户传达广告主题和利益点。

图2.9 甜品类美食广告

图2.10 海鲜类美食广告

图 2.11 所示是远距离拍摄的关于美食的摄影作品，如果用于广告，就需要进行裁剪操作。

图 2.11　零食素材

操作步骤如下：

步骤 1：打开零食素材文件，具体操作可参考 2.1.1，这里不再赘述。

步骤 2：选择"裁切工具"或按 C 键，如图 2.12 所示。

步骤 3：在"裁切工具"属性栏中第一个列表框中选择"比例"选项，如果"宽""高"文本框里有数据，先单击"清除"按钮，进行数据清除，如图 2.12 所示。

图 2.12　"裁切工具"属性栏

步骤 4：用鼠标在文件工作区想要保留的地方拖曳出一个区域，如图 2.13 所示。如果对区域不是很满意，可以利用区域边框的 8 个节点调整裁剪区域的大小，还可以通过移动鼠标选择区域的位置。

步骤 5：按 Enter 键，裁剪完成，如图 2.14 所示。

图 2.13　拖曳出裁剪区域　　图 2.14　零食素材裁剪效果

小贴士

在执行裁剪命令时，其他命令不可用，必须按 Enter 键结束裁剪命令，才可以执行其他命令。为了避免误操作，建议裁剪命令执行完以后，立即在工具栏中切换到其他工具，一般切换到"移动工具"（或按 V 键即可切换到"移动工具"）。

2.2.2　图像固定尺寸裁剪

图像裁剪除了上面的不固定大小的裁剪之外，还可以对图像进行固定尺寸裁剪。比如在制作淘宝详图时就经常采用固定尺寸裁剪的方法。

在详情页中一款商品会有 5 张不同角度的展示图，每张图的尺寸均为 800 像素 × 800 像素，分辨率为 72 像素 / 英寸，如图 2.15 所示。

图 2.15　淘宝女鞋详图

一张好的展示图，除了产品之外，还可以适当添加产品品牌信息、产品特点或折扣信息，为产品增添附加价值，增强买家的购买欲，如图 2.16 所示。为了增加这些信息，选择好的商品展示图，以及商品展示图的拍摄角度和构图就显得很重要。当拍摄的图片意境很好时，可以直接用来制作展示图。（为使商品细节突出、构图饱满，一般展示图是经过精确抠图的，抠图方法会在后续章节中详细介绍。）

下面介绍图像固定尺寸裁剪的操作过程：

步骤 1：选择一张需要进行精确裁剪的图像文件，如图 2.17 所示。

图 2.16　淘宝女鞋展示图直接使用拍摄图效果

图 2.17　需要精确裁剪的
运动鞋素材图片

步骤 2：在 Photoshop 中打开图像文件。

步骤 3：在工具栏中选择"裁切工具"，在"裁切工具"属性栏的下拉列表框中选择"宽 × 高 × 分辨率"选项，设置宽和高都为 800 像素，分辨率为 72 像素/英寸，如图 2.18 所示。

图 2.18　"裁切工具"属性设置

步骤 4：利用"裁切工具"在工作区中选取图像需要的区域，可以先直接拖曳出一个区域，再对区域的位置和范围进行调整，如图 2.19 所示。

步骤 5：确认裁剪区域后，按 Enter 键，结束裁剪命令，裁剪效果如图 2.20 所示。将工具及时切换到"移动工具"。

图 2.19　图像裁剪区域创建

图 2.20　运动鞋素材图片
精确裁剪后的效果

裁剪后，可以用鼠标单击文件左下方的状态栏查看文档的属性，如图 2.21 所示，可见图像已经成功地转换为 800 像素 × 800 像素大小、72 像素/英寸分辨率。

图 2.21　裁剪后的文档属性

2.2.3　矫正倾斜图像

裁剪操作除了可以改变画面的尺寸和去除不重要的部分之外，还可以校正画面的构图，改变主体在画面中的角度。

水通常给人的印象是平行于地面的，如图 2.22 所示，可以通过裁剪的方式来矫正图像中的海平线。通过旋转画面的方向将原本倾斜的海平面调整至水平状态，这里需要注意，旋转后的画面大小会略微小于调整前的。操作步骤如下：

图 2.22　海平面素材矫正前效果

步骤 1：打开需要矫正的海平面素材。

步骤 2：选择"标尺工具"（单击"吸管工具"的扩展三角按钮可以显示"标尺工具"），如图 2.23 所示。

图 2.23　在"吸管工具"组中选择"标尺工具"

步骤 3：沿着海面拖出一条线，可以看到"标尺工具"属性栏中提示倾斜角度为 −1.3°，如图 2.24 所示。也可以通过创建一条水平参考线（图 2.25）直接进行旋转。

图 2.24　"标尺工具"属性栏角度提示

步骤 4：选择"裁切工具"，在画布的外侧任一位置逆时针旋转 –1.3°，即矫正了图片。

步骤 5：按 Enter 键，完成矫正操作，矫正后的效果如图 2.26 所示。

步骤 6：保存文件。

图 2.25　创建水平参考线　　图 2.26　海平面素材矫正后效果

图 2.28　近距离使用广角　　图 2.29　创建参考线对照
　　　　仰拍建筑物效果　　　　　　　　透视变形

2.2.4　矫正透视变形图像

在摄影中，特别是建筑和人像摄影中，透视变形经常被提到。在拍摄的时候，以远近不同的物体呈现出来的近大远小的夸张比例来形容透视的强弱。拍摄的角度不同，透视感也会有所不同。通过不同的透视感，可以表达不同的情绪和气氛，比如强烈的透视可以给人夸张的空间感。

图 2.27 所示是远距离使用长焦镜头拍摄的建筑摄影作品，这种视觉效果可以制造近乎二维平面的感觉。

步骤 1：打开需要矫正的透视变形的建筑物素材文件。

步骤 2：为了备份背景图层，建议先复制一个图层。具体方法如下，建议使用方法 1。

方法 1：选中背景图层，按"Ctrl+J"组合键。

方法 2：选中背景图层，将背景图层用鼠标拖曳到"创建新的图层"按钮中。

步骤 3：根据需要创建几条参考线。按"Ctrl+R"组合键打开标尺栏，由于参考线的位置不需要很精确，可以直接从左侧标尺栏中拖曳出两条参考线，用于辅助判断矫正的情况。

步骤 4：在"图层"面板中，确认选择的图层为"图层 1"，如图 2.30 所示，按"Ctrl+T"组合键，效果如图 2.31 所示。

步骤 5：按住 Ctrl 键，使用鼠标分别调整右上角和左上角的节点，可以反复进行调整，直至建筑物的边沿和参考线平行为止，如图 2.32 所示。

图 2.27　远距离使用长焦镜头拍摄建筑物效果

图 2.28 所示是近距离使用广角仰拍建筑物效果，会发现画面的立体感很强，也很有纵深感，这就是透视变形导致的画面效果。通过创建参考线（图 2.29），可以发现原本应该垂直的建筑边缘已经严重倾斜。此时如果想矫正透视现象，改成远距离拍摄的效果，可以通过如下操作进行：

图 2.30　复制背景图层

图 2.31 变形框效果　　　图 2.32 矫正透视

步骤 6：矫正后，按 Enter 键，结束操作。矫正后的效果如图 2.33 所示。可以使用"Ctrl+;"组合键暂时隐藏参考线。

图 2.33 透视矫正后效果

步骤 7：保存文件。

> **小贴士**
>
> 需要注意的是，如果画面主体太满，此类矫正可能会导致主体溢出画面边缘，拍摄时可以注意多留些空间。最后可以把图片拉长或拉宽以更接近实际效果。

2.3　图像大小调整

在拍摄商品和人像时，为了让效果更加清晰，通常情况下分辨率和尺寸都设置得比较高，所以文件容量也会比较大。如果直接将图片上传到网页，会大大影响网页的打开速度，所以在上传商品到网页之前，会对其进行压缩处理。一些网站经常需要用户上传头像，但网站对头像的图片大小有限制，那么该如何使用 Photoshop 调整图像大小呢？步骤如下：

步骤 1：打开需要调整大小的大尺寸人像素材，如图 2.34 所示。

图 2.34 大尺寸人像素材

步骤 2：执行"图像"→"图像大小"命令，弹出"图像大小"对话框，如图 2.35 所示。可以发现，文件的宽为 1 536 像素、高为 2 074 像素，图像较大，高达 9 MB。

图 2.35 "图像大小"对话框

步骤 3：设置对话框参数，设置图像的宽度为 500 像素，如果原图的分辨率为 300 像素/英寸，也可以降低到 72 像素/英寸，如图 2.36 所示。

可以发现，此时文件的大小已经被压缩，仅剩 900 kB 左右。对于人像照片，建议选择约束长宽比，这样能保证图片大小的等比例调整，否则会失去原有比例。

步骤 4：单击"确定"按钮，完成图像大小调整。

步骤 5：保存文件。

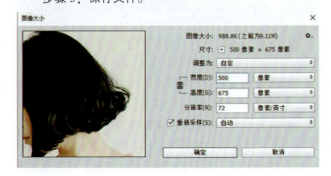

图 2.36 图像大小调整参数设置

小贴士

调整图像大小时,将大图调整为小图最常见,不建议将小图调整为大图。因为小图的像素点数少,放大图像只是放大了像素而不是增加了像素,图像会严重失真。

2.4 画布大小调整

在对图像进行编辑的过程中,有时候需要在图像之外的区域进行编辑,比如在图像的下方输入一些说明性的文字,这就需要对画布的大小进行调整。步骤如下:

步骤1:打开素材图片文件,如图2.37所示。

图2.37 素材原图

步骤2:执行"图像"→"画布大小"命令,弹出如图2.38所示对话框。

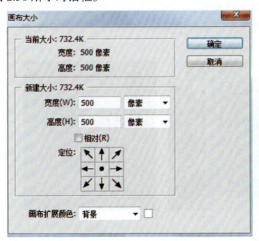

图2.38 "画布大小"对话框

步骤3:在弹出的对话框中设置新画布的大小。方法如下:

方法1:不勾选"相对"复选框,将高度改为700像素。

方法2:勾选"相对"复选框,将高度改为200像素。

步骤4:确定画布原图的位置。如果原图位于上方,画布在下方扩展,将实心点(原图)定位在上方即可,如图2.39所示。

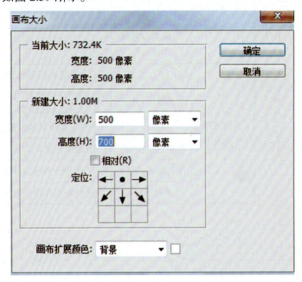

图2.39 定位画布中原图的位置

步骤5:设置画布扩展颜色,这里为了突出效果,选择黑色。

步骤6:单击"确定"按钮,完成画布扩展操作,扩展画布后效果如图2.40所示。

步骤7:保存文件。

图2.40 素材图像扩大画布效果

学/习/评/价/表

一级指标	二级指标	评价内容	评价方式		
			自评	互评	教师评价
职业能力（50%）	Photoshop 软件基本操作（20%）	能对 Photoshop 界面进行设置，能进行新建、打开、关闭、保存文件等操作			
	图像构图修改（20%）	能对图像进行裁剪操作，能对图像进行构图修改或透视矫正			
	图像大小调整（10%）	能修改图像和画布大小			
作品效果（50%）	技术性（15%）	（1）能利用菜单命令或快捷键执行打开、修改、保存、关闭文件等操作；（2）能设置裁剪工具；（3）能理解和设置图像大小对话框			
	美观性（10%）	图像矫正效果合理			
	规范性（20%）	工具选择合理，参数设置正确，操作规范			
	创新性（5%）	素材选取和修改效果具有创新性			

本/章/习/题

一、理论题

（1）请列举和阐述打开文件的操作方法。
（2）可以使用 Ctrl 键与_____键进行视图的放大操作。
（3）可以使用_____键和左键进行视图的平移操作。
（4）可以按住_____键，隐藏所有创建的参考线。
（5）返回多个步骤，使用_____组合键。

二、操作题

（1）对透视变形的图片素材（图 2.41）进行透视调整，调整透视后效果如图 2.42 所示；
（2）对图 2.42 添加米白色边框，添加边框效果如图 2.43 所示。

（操作提示：对图 2.41 利用自由变换功能调整透视变形，再利用裁切功能去除多余内容后并放大画布）

图 2.41 透视调整素材

图 2.42 透视调整效果图

图 2.43 添加边框效果图

第2篇
SECOND ARTICLES

技能篇

第 3 章 图像修图技术

CHAPTER 3

内容概述

本章主要介绍何 Photoshop 软件进行图像复制和图像修复的常见工具和方法。如仿制图章工具、修复工具、修补工具和内容识别等工具和命令。重点介绍了每个修复命令的适用范围和使用方法，并通过实际案例说明了图像复制和图像修图的操作过程，通过本章的学习，可以让读者根据修图工作需求选择最合适的修图工具，有效完成对图像背景或人物皮肤中的各类瑕疵进行修复。通过电商模特修图项目，让读者学会修图这一典型工作任务的操作流程、操作规范和操作方法。

学习目标

1. 了解各种图像修复瑕疵的工具的特点与适用范围；
2. 掌握图像各种瑕疵的修复方法；
3. 掌握复制图像的方法；
4. 能根据图像中存在的问题，快速选择合适的修复工具；
5. 培养解决问题的能力和探究能力；
6. 培养精益求精的工匠精神；
7. 培养职业道德。

本章重点

掌握各个修图工具的特点、适用范围和操作方法。重点掌握仿制图章工具和修复画笔工具的使用方法和不同之处。能结合图像中存在的瑕疵的类型，选择合适的修复工具进行瑕疵修复。

当我们浏览手机时，看到各大博主发的美不胜收的风景照，是否想过马上来一场说走就走的旅行。当我们看到下面这组杭州西湖的风景照时，在赞叹西湖景色时而静谧、时而温馨的同时，是否会遗憾自己所拍的西湖照片里面总有很多游客，失去了西湖的静谧之美。接下来我们将介绍如何去除图像中不想要的元素，还原景色本来的美丽（图3.1）。

本章介绍如何使用 Photoshop 进行图像修复。图像修复是指对受到损坏的图像进行修复重建；去除图像中的多余物体，如照片中多余的物体、不完美的墙面；照片中人物的祛斑、祛痘、除痣等。图像修复的方法有很多种，同一个图像的修复方法也不是唯一的，修图的最高境界是看不出修图痕迹，修图本身就是润饰画面，而不是彻底改变，只有充分掌握了修图工具的特点和使用方法，才能达到不露痕迹的修图效果。下面分类介绍各个修图工具的适用范围和使用方法。

修图工具有6个，第一个是"仿制图章工具"，其他5个在修复工具组中，包括"污点修复画笔工具""修复画笔工具""修补工具""内容感知移动工具""红眼工具"。最常用的是"仿制图章工具"和修复工具组中的前三个工具，如图3.2所示。

图 3.2　修复工具组

3.1　"仿制图章工具"修图

适用范围："仿制图章工具"用来复制取样的图像。它能够按涂抹的范围复制全部或者部分图像。对于无法进行精确抠图的对象非常有效。

方法意图：复制的内容和取样点的内容始终保持一致。

使用方法：

（1）定义采样点：按住 Alt 键，在采样点上单击进行采样。

（2）复制图像：松开 Alt 键，在需要复制的地方进行涂抹。

（3）画笔设置：最好选择软画笔，按 [、] 键设置画笔大小。

（4）勾选"对齐"复选框：如图3.3所示，默认就是勾选状态。勾选"对齐"复选框再进行取样，修复图像时取样点位置会随着光标的移动而发生相应的变化；若不勾选"对齐"复选框进行修复，取样点的位置始终保持不变。

图 3.1　旅游胜地修图前、后对比

图 3.3　"仿制图章工具"属性栏设置

3.1.1　用"仿制图章工具"复制图像

实例 3.1：用"仿制图章工具"复制牙刷。

将牙刷素材中的黄色牙刷进行复制，复制前、后效果如图 3.4 所示。由于牙刷的投影没有清晰的边缘线，无法使用抠图工具进行精确抠图，使用"仿制图章工具"进行复制最为合适。步骤如下：

图 3.4　牙刷复制前、后效果

步骤 1：打开牙刷素材。
步骤 2：保护原图。
方法 1：对原素材图层进行复制，按"Ctrl+J"组合键即可进行图层复制。
方法 2：在素材图层的上方新建一个空白图层。选择"仿制图章工具"，在"仿制图章工具"属性栏中设置样本为"当前和下方图层"，如图 3.3 所示。

为了方便对复制出来的牙刷进行位置移动，建议使用方法 2。

步骤 3：定义起始采样点。选择"仿制图章工具"，按 Alt 键单击，定义采样起始点，可以定义在牙刷的最左端位置。画笔选择软画笔，画笔的大小比牙刷略宽即可。

步骤 4：复制图像。松开 Alt 键，在需要复制的地方进行涂抹，在下方复制出黄色牙刷图像。

> **小贴士**
>
> （1）不一定要一笔画完，不管重复画几次都是以刚才定义的采样点进行延伸的复制，除非重新定义起始点。
> （2）在绘制过程中可以通过改变画笔的大小控制复制区域的大小。
> 画笔越小，复制的区域越小，对于对象控制边缘部分的复制建议使用小画笔。
> 画笔越大，复制的区域越大，复制的速度越快，但边缘部分可能会有问题。

步骤 5：完成复制，保存图像。
拓展练习：复制雪糕图像（图 3.5）。
提示：在绘制过程中，尽量在雪糕的最高点或最低点进行采样，并通过改变画笔的大小观察复制区域的效果。

3.1.2　用"仿制图章工具"复制透视图像

实例 3.2：用"仿制图章工具"复制洁面乳。

洁面乳复制前、后效果如图 3.6 所示。
步骤 1：打开洁面乳素材。
步骤 2：保护原图。为了方便对复制出来的牙刷进行位置移动，在素材图层的上方新建一个空白图层。选择"仿制图章工具"，在"仿制图章工具"属性栏中设置样本为"当前和下方图层"，如图 3.3 所示。

图 3.5　雪糕图像复制前、后效果

图 3.6 洁面乳复制前、后效果

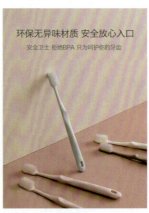

图 3.8 牙刷不同角度复制前、后效果

步骤 3：设置"仿制图章工具"属性。在"仿制图章工具"属性栏中，单击"仿制源"按钮，在弹出的对话框中设置复制的比例和复制的旋转角度。复制比例默认值为 100%，表示 1∶1 进行原始大小复制（图 3.7）。

3.1.3 用"仿制图章工具"修复背景

实例 3.3：用"仿制图章工具"去除图像水印。

图像去除水印前、后效果如图 3.9 所示。

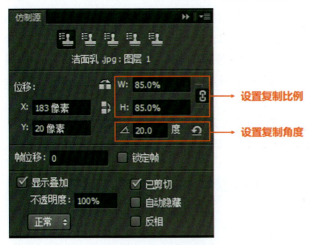

图 3.7 "仿制源"面板

图 3.9 图像去除水印前、后效果

步骤 1：打开图像素材。

步骤 2：保护原图。对原素材图层进行复制。按 "Ctrl+J"组合键即可进行图层复制。

步骤 4：定义起始采样点。选择"仿制图章工具"，按 Alt 键单击，定义一个采样起始点。可以定义在洁面乳的最上面或最下面位置。画笔选择软画笔，画笔的大小建议比洁面乳窄。

步骤 5：复制图像。松开 Alt 键后，在需要复制的地方进行涂抹，复制出洁面乳图像。

步骤 6：完成复制后，可以再次选择复制的洁面乳所在的图层，对洁面乳的角度和大小进行调整，直到满意为止。保存图像。

拓展练习：复制牙刷（图 3.8）

提示 1：复制的牙刷在前面，为了表现近大远小的真实效果，建议将比例放大。

提示 2：对于多余的复制效果，可以使用"橡皮擦工具"进行擦除。

步骤 3：定义起始采样点。选择"仿制图章工具"，按 Alt 键单击，定义一个采样起始点，可以定义在图像右侧上方的空白位置。画笔选择软画笔，画笔的大小建议比空白位置窄，否则容易复制不想要的部分。

步骤 4：复制图像。松开 Alt 键之后，在需要修复的地方进行涂抹，直到右侧多余的图像都被白色区域覆盖为止。

步骤 5：完成修复，保存图像。

实例 3.4："仿制图章工具"修复模特背景。

对模特背景进行修复，修复前、后效果如图 3.10 所示。

步骤 1：打开模特素材。

步骤 2：保护原图。对原素材图层进行复制（组合键 "Ctrl+J"）。

图 3.10　模特背景修复前、后效果

步骤 3：修复背景（抹除远离人物的格子）。修复时，由于背景不是单一的黄色，可以适当降低"仿制图章工具"属性栏中的不透明度，不透明度为 100% 和 50% 的效果分别如图 3.11 和图 3.12 所示。可以发现不透明度为 100% 的时候，修复后的背景不均匀，有明显的修复痕迹。而不透明度为 50% 的时候可以很好地解决这一问题。

步骤 4：修复靠近人物的格子。先用"钢笔工具"精确选择靠近手臂的格子选区，不靠近手臂的地方可以粗略选取。"钢笔工具"绘制的路径如图 3.13 所示。将路径转化为选区（组合键"Ctrl+Enter"）。

图 3.13　格子选区

选择"仿制图章工具"，在附近的黄色区域按 Alt 键定义一个采样点，松开 Alt 键之后，在选区内进行涂抹。修复好以后取消选区（组合键"Ctrl+D"）。如果觉得修复的边缘部分不自然，可以再次利用"仿制图章工具"进行修复。

利用同样的方法修复头部上方的格子。

步骤 5：完成修复，保存图像。

小贴士

需要修复的部分如果没有清晰的边缘，可以配合选区进行修复。利用"仿制图章工具"时，尽可能在瑕疵的邻近区域选择采样点，以确保颜色统一，实现不露痕迹的修复。

图 3.11　修复背景错误效果

图 3.12　修复背景正确效果

学习链接

用"仿制图章工具"修复图像

3.2 "修复画笔工具"修图

适用范围："修复画笔工具"适用于背景不是纯色的图像修复，比如背景有不同的纹理、光照、透明度和阴影等。"修复画笔工具"可将样本像素的纹理、光照、透明度和阴影与原像素进行匹配，新复制图像的边缘自动产生羽化效果与原图像自然融合，从而使修复后的像素不留痕迹地融入原像素。

方法意图：去除图像中的杂斑、污迹，修复的部分会自动与背景色融合。

3.2.1 用"修复画笔工具"复制图像

实例 3.5：用"修复画笔工具"复制狗尾巴草。
狗尾巴草素材如图 3.14 所示。

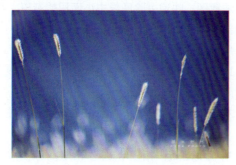

图 3.14 狗尾巴草素材

步骤如下：

步骤 1：打开狗尾巴草素材。

步骤 2：分析图像背景。狗尾巴草的背景色不是纯色，有明显的光照效果，如果使用"仿制图章工具"进行复制，复制的狗尾巴草不能与背景很好地融合，图 3.15 所示为"仿制图章工具"的不透明度设置为 50% 时的复制效果。本例选择用"修复画笔工具"进行复制。

图 3.15 "仿制图章工具"复制效果（不透明度为 50%）

步骤 3：保护原图。
方法 1：对原素材图层进行复制，按"Ctrl+J"组合键即可进行图层复制。
方法 2：在素材图层的上方新建一个空白图层。选择"修复画笔工具"，在"修复画笔工具"属性栏中设置样本为"当前和下方图层"。

步骤 4：设置"修复画笔工具"属性。为了让复制的狗尾巴草与复制源有所区别，建议设置狗尾巴草的复制比例和旋转角度。在"修复画笔工具"属性栏中单击"仿制源"按钮，在"仿制源"面板中设置比例和旋转角度，如图 3.16 所示。

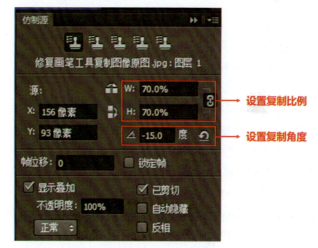

图 3.16 "仿制源"面板

步骤 5：定义起始采样点。选择"修复画笔工具"，按 Alt 键单击，定义一个采样起始点，可以定义在狗尾巴草的最高点位置。画笔的大小比狗尾巴草略宽即可。

步骤 6：复制图像。松开 Alt 键之后，在需要复制的地方进行涂抹，在空白的位置复制出狗尾巴草图像。复制效果如图 3.17 所示，与背景能很好地融合。

图 3.17 狗尾巴草复制效果

步骤 7：完成复制，保存图像。

3.2.2 用"修复画笔工具"修复图像

实例3.6：用"修复画笔工具"修复人物脸部痘痘。人物脸部痘痘修复前、后效果如图3.18所示。

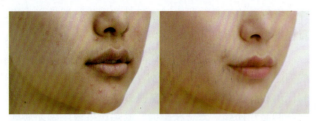

图3.18 人物脸部痘痘修复前、后效果

步骤如下：

步骤1：打开人物素材。

步骤2：分析图像背景。人物脸部的皮肤不是纯色，有明显的光照效果，所以使用"修复画笔工具"。

步骤3：保护原图。对原素材图层进行复制，按"Ctrl+J"组合键即可进行图层复制。

步骤4：定义采样点。选择"修复画笔工具"，在痘痘邻近的脸部无瑕疵的地方按住Alt键单击，进行采样。画笔的大小能完全覆盖痘痘即可。

步骤5：复制图像。松开Alt键之后，在痘痘的部位进行涂抹，即可修复痘痘。

对其他痘痘也采用同样的方法进行修复，尽可能使每个痘痘都在它邻近的无瑕疵部位进行重新采样，再进行修复，这样能确保修复部位与其他部位能有效融合。修复效果如图3.18右图所示。

步骤6：完成复制，保存图像。

学习链接

用"修复画笔工具"修复图像

3.3 "污点修复画笔工具"修图

适用范围：去除图像中小面积或小范围的污点或瑕疵。

"污点修复画笔工具"的工作原理与"修复画笔工具"类似，它使用图像或图案中的样本像素进行绘画，并将样本像素的纹理、光照、透明度和阴影与所修复的像素匹配。

"污点修复画笔工具"与"修复画笔工具"不同的是，"污点修复画笔工具"不需要定义采样点，"污点修复画笔工具"将自动从所修饰区域的周围取样。只需要确定需要修复的图像位置，调整好画笔大小，单击或移动鼠标就会在确定需要修复的位置自动匹配。

方法意图：快速去除图像中小面积的杂斑、污迹，修复的部分会自动与背景色融合。

使用方法：

（1）画笔设置：画笔以能盖住瑕疵为准，按［、］键设置画笔大小。

（2）直接在瑕疵部位单击或移动鼠标即可进行瑕疵修复。

（3）近似匹配：指以单击点周围的像素为准，覆盖在单击点上从而达到修复效果。

（4）创建纹理：指在单击点创建一些相近的纹理来模拟图像信息。

实例3.7：用"污点修复画笔工具"修复人物脸部痘痘。人物脸部痘痘修复前、后效果如图3.19所示。

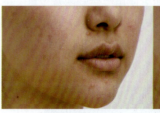

图3.19 人物脸部痘痘修复前、后效果

步骤如下：

步骤1：打开人物素材。

步骤2：分析图像背景。人物脸部的皮肤不是纯色，有明显的光照效果，可以使用"修复画笔工具"和"污点修复画笔工具"进行修复。本例使用"污点修复画笔工具"。

步骤3：保护原图。对原素材图层进行复制，按"Ctrl+J"组合键即可进行图层复制。

步骤4：修复痘痘。选择"污点修复画笔工具"，设置画笔大小，画笔大小能完全覆盖痘痘即可。

在痘痘的上方，直接单击即可进行痘痘修复。重复这一操作，直至修复所有痘痘。修复效果如图3.19右图所示。

步骤5：完成复制，保存图像。

学习链接

用"污点修复画笔工具"修复图像

3.4 "修补工具"修图

适用范围：修复大面积区块性污点。

它的修复方式是图像融合替换。通过使用"修补工具"，可以用其他区域或图案中的像素来修复选中的区域。其修复原理与"修复画笔工具"一样，会将样本像素的纹理、光照和阴影与原像素进行匹配。

方法意图：快速去除图像中的大面积瑕疵，修复的部分会自动与背景色融合。

使用方法：

（1）指选区内的图像为被修改区域。

将"修补工具"选中的选区移动到无瑕疵的区域。

透明：勾选"透明复选框"，再移动选区，选区中的图像会和下方图像产生透明叠加。

使用图案：在未建立选区时，"使用图案"按钮不可用。建立选区之后，"使用图案"按钮被激活，首先选择一种图案，然后单击"使用图案"按钮，可以把图案填充到选区当中，并且会与背景产生一种融合的效果。

实例3.8：用"修补工具"修复插画中的水印。
步骤如下：
步骤1：打开插画素材（图3.20）。

图3.20 插画素材

步骤2：分析图像背景。插画中的背景为纯色，水印可以用"仿制图章工具"进行修复，但是水印区域面积较大，所以建议选择"修补工具"进行修复，而部分文字由于背景色不同，建议使用"仿制图章工具"进行修复。

步骤3：保护原图。对原素材图层进行复制，按"Ctrl+J"组合键即可进行图层复制。

步骤4：大面积修复水印。

（1）选择"修补工具"，在水印区域进行框选。要尽可能完整选择水印区域，如图3.21（b）所示。图3.21（a）所示选区不完整，会导致在同一个地方需要多次使用"修补工具"进行修复。

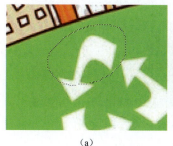

(a)　　　　　　　(b)

图3.21 选区

(a) 不规范选区；(b) 规范选区

（2）将"修补工具"选中的选区移动到无瑕疵的同色背景区域（此区域要容纳得下该选区），即可完成修复，修复完成以后，取消刚才的选区（组合键"Ctrl+D"）。

重复这一操作，直至修复所有水印效果。修复效果如图3.22所示。

步骤5：修复交界处的水印。由于是交界处，为了保护图像不受损坏，建议使用"仿制图章工具"单独进行修复。交界处的水印处理前、后效果如图3.23所示。

图3.22　大面积修复水印效果

图3.23　交界处的水印处理前、后效果

步骤6：完成修复，保存图像。

拓展练习：完成屋顶云和花朵的复制。

完成屋顶云和花朵的复制，完成效果如图3.24所示。

图3.24　屋顶云和花朵的复制效果

学习链接

用"修补工具"修复瑕疵

3.5　"内容识别"命令修图

除了以上介绍的几种工具之外，还有一个"内容识别"命令，也非常适用于图像修复，而且操作非常简便。其原理同"修复画笔工具"。

适用范围：修复大面积区块性污点。

方法意图：快速去除图像中的大面积瑕疵，修复的部分会自动与背景色融合。

使用方法：

（1）选择瑕疵区域，可以使用"套索工具"进行粗略选取，选区内容比瑕疵部分略大。

（2）执行"编辑"→"填充"命令，在弹出的对话框的"使用"下拉列表中选择"内容识别"选项。"填充"对话框如图3.25所示。

图3.25　"填充"对话框

实例3.9：用"内容识别"命令完成沙漠素材的背景修复。

沙漠素材背景修复前、后效果如图3.26所示。步骤如下：

图3.26　沙漠素材背景修复前、后效果

步骤1：打开沙漠素材。

步骤2：分析图像背景。沙漠的背景不是纯色，修复面积也较大，可以选择使用"修补工具"和"内容识别"命令，但是水印区域面积较大，所以建议选择"修补工具"进行修复，而部分文字由于背景色不同，建议使用"仿制图章工具"进行修复。

步骤3：保护原图。对原素材图层进行复制，按"Ctrl+J"组合键即可进行图层复制。

步骤4：修复沙漠背景。

（1）选择"套索工具"，选择沙漠的瑕疵部分，选区略大于瑕疵部分，如图3.27所示。

图3.27　沙漠瑕疵部分"套索工具"选区

（2）执行"编辑"→"填充"命令，在"填充"对话框的"使用"下拉列表中选择"内容识别"选项，如图3.25所示。

（3）修复完成以后，取消刚才的选区（组合键"Ctrl+D"）。

（4）如果对修复的效果不满意，可以再次执行（1）~（3）步，直到效果满意为止。

步骤5：修复天空背景。使用同样的方法修复天空背景，天空背景选区如图3.28所示。

图3.28　天空背景选区

步骤6：完成修复，保存图像。

学习链接

用"内容识别"命令修复图像

3.6 "液化"滤镜修图

Photoshop的"液化"滤镜常用于后期处理一些人像中的细节部位，可以对人物局部作瘦身、丰满、改变脸型、放大眼睛等美化处理，使脸型和身体线条更加完美，从而完善人物形象。

在调整体型或脸型之前最好先掌握身体和脸部的结构知识，在进行液化的时候改变的幅度不可太大，否则会变形或不自然。

执行"滤镜"→"液化"命令，打开"液化"对话框，在左边有一竖排工具，共7个相关工具命令，如图3.29所示。

图3.29　"液化"滤镜工具组

（1）向前变形工具：该工具可以移动图像中的像素，得到变形的效果。

（2）重建工具：使用该工具在变形的区域单击或拖动鼠标进行涂抹，可以使变形区域的图像恢复到原始状态。

（3）褶皱工具：使用该工具在图像中单击或移动鼠标时，可以使像素向画笔中心区域移动，使图像产生收缩的效果。

（4）膨胀工具：使用该工具在图像中单击或移动鼠标时，可以使像素向画笔中心区域以外的方向移动，使图像产生膨胀的效果。它通常用来放大某个部位。

（5）左推工具：使用该工具可以使图像产生挤压变形的效果。使用该工具垂直向上拖动鼠标时，像素向左移动；向下拖动鼠标时，像素向右移动。当按住Alt键垂直向上拖动鼠标时，像素向右移动；向下拖动鼠标时，像素向左移动。若使用该工具围绕对象顺时针拖动鼠标，可增加其大小，若逆时针拖动鼠标，则减小其大小。

（6）抓手工具：放大图像的显示比例后，可使用该工具移动图像，以观察图像的不同区域。

（7）缩放工具：使用该工具在预览区域中单击可放大图像的显示比例；按下 Alt 键使用该工具在预览区域中单击，则会缩小图像的显示比例。

实例 3.10：用"液化"滤镜进行人物瘦身。

人物瘦身前、后效果如图 3.30 所示。下面介绍具体的操作方法。

图 3.30　人物瘦身前、后效果

步骤 1：打开人物素材。

步骤 2：分析人物体型。人物身材高挑，但肚子和后背上有些赘肉，腿部曲线也不是很直。

步骤 3：保护原图。对原素材图层进行复制，按"Ctrl+J"组合键，即可进行图层复制。

步骤 4：美化肚子和后背。选中"背景副本"图层，执行"滤镜"→"液化"命令，打开"液化"对话框，单击"向前变形工具"按钮，在右侧的选项栏中对画笔粗细进行设置，或者使用 [和] 键对画笔粗细进行设置。画笔的大小不宜过小，可以多试几次，以不影响周围部位为基准。

使用"向前变形工具"对肚子区域向右进行拖曳，使肚子通过推移变瘦。使用同样的方法对后背和腿部进行瘦身处理。还可以稍微调整一下臀部，让臀部变得更翘一些，完成后单击"确定"按钮，在图像窗口中可以查看人物瘦身后的效果。

步骤 5：美化胸部。打开"液化"对话框，选择左边的"膨胀工具"，调节好画笔大小，然后在胸部中间位置单击，即可实现放大。注意画笔大小要调节到整个胸部大小。

步骤 6：局部修正。如果对美化的效果不满意，可以再次执行"液化"命令进行调整。

步骤 7：完成修复，保存图像。

3.7　电商模特修图

电商平台商品详情页中会展示多张商品详情图，详情图由于拍摄环境、角度、光线等方面的原因，会存在一些瑕疵，为了让产品的展示图片更加精美，通常情况下需要对详情图进行修图处理。下面以服装模特图片为例，讲解模特修图的过程。

实例 3.11：模特修图。

对模特所展示的衣服和背景进行修图，模特修图前、后效果如图 3.31 所示。

图 3.31　模特修图前、后效果

操作步骤如下：

步骤 1：打开模特素材原文件。

步骤 2：复制背景图层（组合键"Ctrl+J"）。

步骤 3：修复复制图层的背景。用"修补工具"将背景上的杂质去除。去除杂质效果如图 3.32 所示。

步骤 4：美化模特体型。

（1）对刚才修复的背景图层进行复制。

（2）使腿部变平直。选择刚复制的图层，使用"液化工具"美化模特体型，使腿部变直，突出裤子的质感。

（3）修复腿部裤子的褶皱。使用"仿制图章工具"修复腿部裤子的褶皱。

（4）拉长腿部。用"套索工具"选中腿部，按"Ctrl+T"组合键，拉长腿部。

美化模特体型效果如图 3.33 所示。

步骤 5：修复模特皮肤。

（1）复制美化体型后的模特图层。

（2）修复脸部瑕疵。选择复制的图层，使用"修补工具"或"修复画笔工具"修复模特脸部的瑕疵。如果瑕疵较多，可以使用"磨皮工具"进行磨皮处理。磨皮后最好进一步锐化，使细节变得清晰。

（3）对脸部皮肤进行美白处理。如果模特脸部皮肤较暗，可以用"曲线"命令对脸部进行提亮处理。

模特脸部皮肤美化前、后效果如图 3.34 所示。

步骤 6：用"修补工具"去除皱纹。

步骤 7：对衣服颜色进行调整。使用"可选颜色"命令对衣服颜色进行微调处理，调整效果如图 3.35 所示。

步骤 8：保存文件。

拓展练习：模特修图。

完成图 3.36 所示模特的修图，要求如下：

（1）使头发光滑。

（2）使毛领平整、饱满。

（3）使衣服和拉链平整、弧度自然流畅。

图 3.34　模特脸部皮肤美化前、后效果

图 3.32　去除杂质效果　　图 3.33　美化模特体型效果　　图 3.35　去除模特衣服的褶皱和颜色调整效果　　图 3.36　淘宝模特原图

学/习/评/价/表

一级指标	二级指标	评价内容	评价方式		
			自评	互评	教师评价
职业能力（50%）	图像复制（10%）	能选择合适的工具完成各类图像复制			
	图像修复（30%）	能选择合适的工具完成水印、痘痘、皱纹、雀斑、褶皱和背景等瑕疵修复			
	图像修型（10%）	能使用液化工具对人物脸部、腰部和四肢等部位进行修型			
作品效果（50%）	技术性（10%）	能综合运用多种修图工具选择最合适的修图工具，高效完成修图			
	美观性（20%）	修图整体效果美观、干净，画面未出现像素变糊的现象			
	规范性（10%）	素材选取合理，具有实用性；修图过程规范			
	创新性（10%）	素材选取和修图效果具有创新性			

本/章/习/题

一、填空题

（1）大面积修复瑕疵一般使用_____和_____工具。

（2）"仿制图章工具"和"修复画笔工具"的相同点是_____。

（3）"仿制图章工具"和"修复画笔工具"的不同点是_____。

（4）修复脸部的小瑕疵最好使用_____工具。

二、判断题

（1）在使用"仿制图章工具"进行复制时，不能进行图像大小和角度的修改。（　　）

（2）"内容识别"命令对同一个区域的修复只能执行一次。（　　）

三、操作题

（1）对蓝色人衣服物图片进行透视复制，复制前后效果如图3.37所示。

（提示：根据场景路面、电线等的延长线确定消失点，连接人物顶部和消失点，即可确定新复制出来的人物的头部位置。使用仿制图章工具，设置透视大小，多试几次，直到人物头部和刚才的延长线吻合为止。）

图3.37　蓝色衣服人物透视复制前、后效果

（2）综合应用各种修复工具对图3.38所示绿植的背景进行修复，修复效果可参考图3.39。

（提示：绿植和瑕疵衔接处建议先创建选区，适当羽化，使用仿制图章工具进行修复，其他部分瑕疵可以使用修补工具、内容识别等。）

图3.38　绿植背景素材　　图3.39　绿植背景修复后效果

（3）对图3.40人物的脸部进行修复，并可尝试简单调色，修复参考效果图如图3.41所示。

（提示：首先，先暗部提亮：按"Ctrl+alt+2"组合键载入高光选区，反选，曲线提亮；然后，再用多种工具对脸部进行修复，最后，可根据个人喜好进行色调调整，对脸部可以略微使用一点液化。）

图3.40　人物素材　　图3.41　人物瑕疵修复效果图

第 4 章 图像调色技术

CHAPTER 4

内容概述

本章主要介绍图像色彩、色调的调整方法，如图像明暗调整、颜色替换、饱和度修改、色偏矫正、肤色修正、特殊风格调色等，重点介绍了每个调色命令的适用范围和使用方法，并举例详细说明了图像色彩、色调调整的步骤。本章的学习可以让读者根据工作需求选择最合适的调色工具实现对数码图像中存在的颜色偏差进行修正或者调整。

学习目标

1. 掌握色彩的相关知识，如色彩三要素、色彩分类和配色方法等；
2. 掌握图像明暗调整的方法；
3. 掌握图像颜色替换的方法；
4. 掌握色偏现象矫正的方法；
5. 了解特殊风格调色的思路和方法；
6. 弘扬民族文化和地方文化，提升人文素养，增强民族文化自信。

本章重点

1. 各种调色工具的特点、适用范围和操作方法；
2. "色相/饱和度"和"可选颜色"调色法。

4.1 色彩知识

作为一名设计师,除要掌握必要的抠图、修图技能外,还要掌握配色和调色技能。想要学习配色和调色技巧,首先要认识色彩。

色彩是能引起人们审美愉悦的、最为敏感的形式要素。色彩是最有表现力的要素之一,因为它的性质直接影响人们的感情。色彩源于自然和生活,中国传统色源于天地万物,如禽鸟、走兽、草木、山川、地貌、节气或诗词等,中国传统色饱含东方审美和哲学智慧。从"柔蓝一水萦花草"中取柔蓝色,从"欲把西湖比西子"中取西子色,从"潦水尽而寒潭清,烟光凝而暮山紫"中取暮山紫色,从"相与枕藉乎舟中,不知东方之既白"中的黎明时分高空天色取东方既白,从"桃之夭夭,灼灼其华"中取桃夭色,每个中国传统颜色都蕴含诗意、富有情感。

4.1.1 色彩三要素

通过 Photoshop 的拾色器(图 4.1)可以看到,描述一种色彩有 5 种方式,包括 RGB、CMYK、Lab、十六进制和 HSB。前面三种与颜色模式有关系。HSB 也是一种常用的色彩描述方式,后面会对其进行重点介绍。在图中新的选取颜色为黄绿色,这个颜色旁边出现了两个警告标记,提醒用户这种颜色在打印时和在网络上显示时有偏差,最好能进行更换。

每个色彩都由三个要素组成,包括色调(色相)H、饱和度(纯度)S、明度(亮度)B,如图 4.2 所示。每个色彩都会受到这三个要素的影响,其中任何一个要素发生改变,这个色彩就会发生改变。三要素相当于色彩的三个维度,拾色器中横向方向用于调整色彩的饱和

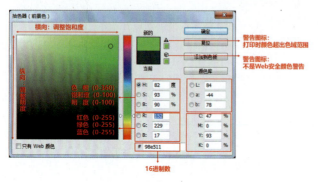

图 4.1 Photoshop 拾色器

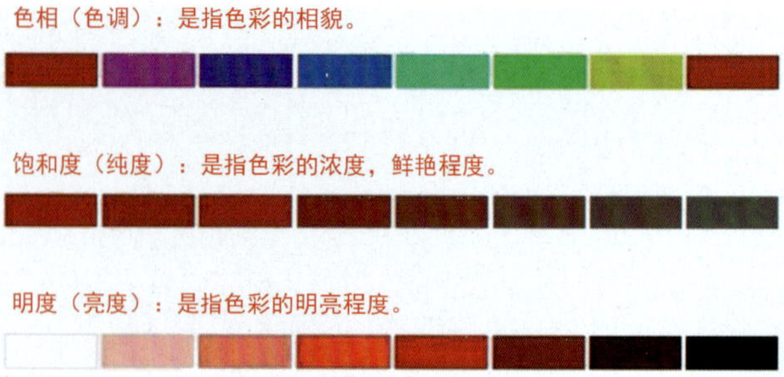

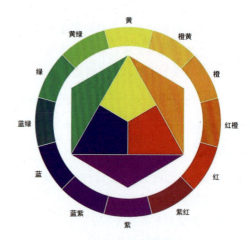

图 4.2 色相、饱和度、明度

度,纵向方向用于调整色彩的明度。下面重点介绍颜色的这三个要素。

1. 色相(色调)

色相是对一个色彩的相貌的总称,也是区分色彩的最直观的要素。除黑、白、灰以外的其他颜色都有色相属性,最初的基本色相为红、橙、黄、绿、蓝、紫。在各色中间加插中间色,按光谱顺序为红、红橙、橙、橙黄、黄、黄绿、绿、蓝绿、蓝、蓝紫、紫、紫红共 12 色。将这 12 色排成一个环形,叫作色相环,如图 4.3 所示,它是学习配色时用到的非常方便的图形工具。

图 4.3 12 色相环

人之所以能够看到这个世界,是因为有光的存在;而人们之所以能区分不同的颜色,是因为光的波长和强度的不同。不同的色相能够给人不同的心理感受,例如红色能够给人一种激情、活跃的视觉感受,蓝色能够给人一种安静、寒冷的视觉感受,紫色能够给人一种神秘、高贵的视觉感受,这就是不同色相对人心理产生的不同影响。

最初学习调色时,会误以为调整色相就是调色,而忽略了明度和饱和度的调整,调色的思路和方向会受到较大的局限。特别是在模仿他人的色调调色时,只关注色相的调整,忽略了明度与饱和度的调整,导致颜色难

以模仿得相似。

2. 饱和度（纯度）

饱和度是指色彩的鲜艳程度、纯度或浓度。色彩饱和度越高，色彩就越鲜艳，更容易给人强劲有力、充满朝气的印象；而色彩饱和度越低，就越容易给人成熟、稳重、柔和的印象。

同一色相有不同的饱和度，如红色的不同饱和度效果如图4.4所示。在图中，接近纯色的叫高纯度色，接近灰色的叫低纯度色，处于中间状态的叫中纯度色。

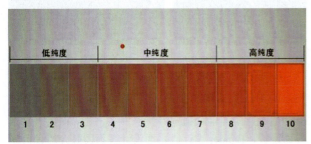

图4.4 红色饱和度（纯度）变换图

需要注意的是，不同色相所能达到的饱和度也是不同的，其中红色饱和度最高，绿色饱和度相对较低，其余颜色相对居中，同时明度也不相同。另一类是无彩色，即黑、白、灰。无彩色不带任何色彩倾向，饱和度为0。

3. 明度（亮度）

明度是指色彩的明亮程度，即色彩的明暗差别。添加白色会使明度升高，添加黑色则使明度下降。明度越高，色彩越白越亮，反之则越暗。明度最高的级别是白色，明度最低的级别是黑色。明度也是决定文字可读性和物体外观效果的重要元素。

需要注意的是，不同色相所能达到的明度也是不同的，比如红色的明度比黄色低，蓝色的明度比洋红色低。在所有颜色中，明度最高的是黄色，明度最低的是紫色。同一色相，饱和度不同的明度也不同，饱和度越高，明度越高。

4.1.2 色彩分类

1. 三原色

所有颜色的源色被称为三原色。三原色指的是红色、黄色和蓝色，如图4.5所示。

人们通常谈论的屏幕的显示颜色，即前面介绍的RGB颜色模式，三原色则分别是红色、绿色和蓝色。

2. 间色

如果将三原色进行均匀混合，创建出来的橙色、绿色和紫色（黄＋红＝橙、黄＋蓝＝绿、红＋蓝＝紫）称为间色，如图4.5所示。将这些颜色应用到设计作品中，可以营造出很强烈的视觉效果。

3. 复色（三级颜色）

复色源于间色与原色的混合，主要有红紫色、蓝紫色、蓝绿色、黄绿色、橙红色和橙黄色，如图4.5所示。色轮上的复色就是通过这样的混合方法衍生出来的。

图4.5 12色相环三原色/间色/复色

4. 冷色

青色、蓝色、绿色、紫色等都属于冷色系列。冷色调可以给人宁静、清凉、高雅、沉稳和消极的感觉，冷色还会给人靠后和收缩的感觉。冷色一般与白色调和可以达到很好的视觉效果。冷色一般应用于高科技、高品质、理性类设计作品中。

5. 暖色

黄色、橙色、红色等都属于暖色系列。暖色可以给人热情、明亮、活泼、温暖和温馨等感觉，暖色还会给人靠前和膨胀的感觉。暖色与黑色调和可以达到很好的视觉效果。暖色一般应用于女性、儿童、食品类的设计作品中。

6. 中性色

中性色也称为无彩色，由黑、白、灰几种色彩组成，中性色常常在色彩中起间隔和调和的作用。

4.1.3 配色方法

了解色彩的分类以及色调之后，接下来介绍一下设计作品中的色彩是如何搭配的。一名优秀的设计师，一般会通过色彩的合理搭配来传达设计理念，达到设计目标。不同行业间设计目标的差异，决定了配色目标和理论的差异。对于室内设计师来说，设计目标是根据用户的生活习惯营造舒适、理想的生活氛围；而对于大部分互联网行业的视觉设计师来说，平时的工作内容大体会分为产品界面设计和推广设计两个大的方向。很多设计师需要同时负责这两块内容，二者的设计目标也是不同的。产品界面设计的目标是提升品牌形象，营造清晰、舒适的使用氛围，提高用户体验，所以配色不能太抢眼；推广设计的目标在于快速精准地传递信息，吸引眼球，营造促销氛围，提高转化率，所以配色可以丰富一些。

为了更好地运用色彩，必须懂得色彩的特点，遵循色彩规律，学会色彩的搭配。作为初学者，除了可以借鉴优秀设计作品，还可以从绘画作品、摄影作品和影视作品中借鉴色彩搭配，如图 4.6～图 4.9 所示。

图 4.6 绘画作品《汉宫春晓图》局部

图 4.7 绘画作品《桃源仙境图》局部

图 4.8 摄影作品 1　　　图 4.9 摄影作品 2

不同的配色方案给人不同的视觉感受。在设计作品中，画面的主要颜色不要过多，一般情况下建议不超过 3 种，包括主色、辅助色和点缀色。网页设计、移动界面设计、Banner 设计、平面设计等不同媒介的设计作品，色彩的运用规律各不相同，主色、辅助色、点缀色的配色比例要求也不同，如电商 Banner 设计中，建议 70% 为主色，25% 为辅助色，5% 为点缀色。在网页设计和界面设计中，主色通常运用在结构和装饰上。而在 Banner 设计和海报设计中，为了更为醒目，主色通常运用在背景上。

配色方案的选择决定了设计作品的风格。配色时会运用色相环判断不同颜色之间的角度关系，色相环中两个颜色相隔角度越大，对比越强烈，如图 4.10 所示。常见的配色方案有同类色搭配、邻近色搭配、类似色搭配、对比色搭配和互补色搭配。

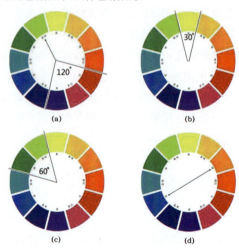

图 4.10 12 色相环颜色角度

（a）对比色搭配；（b）同类色搭配；
（c）邻近色搭配；（d）互补色搭配

色相环有很多种，包括8色、12色、16色、24色、36色等。其中色数越多，复色越多，中间色色阶就越丰富。比如8色环中的紫色和深蓝色紧邻，12色环中的紫色和深蓝色之间又加入了蓝紫色，颜色之间相隔的角度就不同了。下面以12色相环为例，进行色彩搭配说明。

1. 同类色搭配

同类色是指在色相环中相隔在30°以内的两种颜色。这两种颜色的色相相同或相近，通过改变一种颜色的饱和度与明度来完成色彩搭配，如红色系中的朱红、大红、玫瑰红，都主要包含红色色素，称为同类色。其他如黄色系中的柠檬黄、中铬黄、土黄，蓝色系中的普蓝、钴蓝、湖蓝、群青等，都属于同类色关系。如图4.11所示，第一幅Banner作品的主色和辅色的色相相同，但饱和度和明度不同；第二幅Banner作品的主色和辅色的色相相近，小于30°，饱和度和明度不同。这两个作品就属于同类色搭配。采用同类色搭配的作品容易显得比较单调。

图4.11 同类色搭配案例

2. 邻近色搭配

邻近色是指在色相环中相隔60°以内的颜色，即在色轮上相邻接的两个颜色，例如红和红橙、黄和黄绿、青和青紫等均为邻近色。邻近色搭配是一种常见的配色方法，比同类色搭配更显丰富。邻近色搭配的画面效果非常和谐统一，能给人柔和、舒适、自然和温馨的感觉，视觉冲击力较弱，如图4.12所示，朱红色和橘黄色即邻近色。在用邻近色搭配时，可以适当加强对比，不然会使画面显得平淡。

图4.12 邻近色搭配案例

3. 类似色搭配

类似色是指在色相环中相隔60°～90°的颜色。类似色也叫相似色，类似色配色是常用的配色方法，对比不强，可以给人色感平静、调和的感觉。

4. 对比色搭配

对比色是指在色相环中相隔120°～150°的颜色。如图4.13所示，主色为青色，辅助色为黄色，就属于对比色搭配，它可以产生强烈的视觉效果，给人亮丽、鲜艳的感觉。

图4.13 对比色搭配案例

5. 互补色搭配

互补色是指在色相环中相隔180°的两种颜色。互补色搭配是最突出、最引人注目的配色方式，能给人强有力的视觉冲击。在图4.14中，主色紫色和辅助色黄色就属于互补色搭配。互补色之间的强烈对比，会引起色彩的颤动和不稳定，处理不好会使页面冲突，破坏整体感。对于互补色搭配，调整一下亮度，或者调整使用面积，有时会产生很好的效果。

图4.14 互补色搭配案例

4.1.4 提取色彩的方法

1. 找图

找图是关键步骤。确定自己想要的风格，找大量的符合风格要求的图片，进行对比筛选，选出最符合自己要求的几张图片开始色彩的提取。

2. 提取色彩

把选中的图片拖入Photoshop，执行"文件"→"存储为Web所用格式"命令（如果没有色彩非常合适的图，可以在Photoshop里适当调整色彩后再进行色彩提取），"格式"选为"PNG-8"，"色块"选择8。

4.2 图像明暗调整

从明度调整的角度看，曲线与色阶的区别其实并不是很大，这也是人们难以发现它们的区别的原因。它们最大的区别在于提亮的过程中对饱和度与对比度的影响。曲线提亮的同时饱和度的保留相对来说比较好，并且会提升对比度；色阶在提亮的过程中饱和度下降得较为严重，对比度会下降，更容易导致图片发灰。不用太过于纠结选择曲线还是色阶，曲线在后期几乎可以完全代替色阶，选择使用色阶还是曲线取决于个人的使用习惯。

4.2.1 色阶

适用范围：色阶将图片分为高光、中间调、暗部3个区域，可以通过移动滑块分别改变画面各区域的明暗。各滑块的移动组合调整的精度不足，不能满足所有调整需求。所以色阶一般用于改变图像对比度、修正偏灰照片、调整曝光现象等。

使用方法：

方法1：执行"图像"→"调整"→"色阶"命令。

方法2：按"Ctrl+L"组合键。

方法3：在"图层"面板中使用调整层增加"色阶"命令，可以进行无损操作。

色阶是一张图像明暗信息的分布图，色阶直方图用作调整图像基本色调的直观参考。绝大部分摄影者处理数码照片的第一项工作就是调整色阶，通过色阶可以查看、修正曝光，提高对比度和调整色偏现象等。在使用色阶之前，要先理解色阶直方图的含义。

横轴：色阶直方图中的横轴中从左至右有黑、灰、白3个三角形的滑块，表示从暗到亮的像素分布，图4.15所示为草原素材图像，其直方图如图4.16所示。黑色滑块代表最暗的区域，或称为"黑场"（纯黑，如阴影部分）；白色滑块代表最亮的区域，或称为"白场"（纯白，如白色天空部分），灰色滑块代表中间调，或称为"灰场"。其中黑色和灰色滑块之间的区域是图像的暗部区域；灰色和白色滑块之间的区域是图像的亮部区域。

纵轴：纵轴表示包含特定色调（特定的色阶值）的像素数目，其值越大表示在这个色阶的像素越多，颜色

图 4.15 草原素材图像

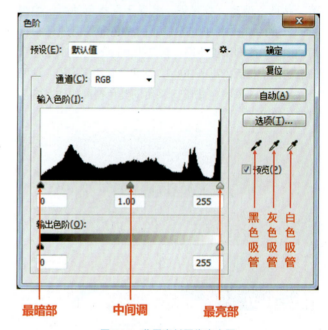

图 4.16 草原素材图像直方图

细节越丰富，其值越小表示在这个色阶的像素越少，颜色细节也就越少。

在 Photoshop 中可以通过色阶调整图像的阴影、中间调和高光的强度级别，从而校正图像的色调范围和色彩平衡。

暗部：将最左侧的黑色滑块右移，即增大黑场范围，可以让图片的暗部更暗。

亮部：将最右侧的白色滑块左移，即增大白场范围，可以让图片的亮部更亮。

中间调：中间的滑块主要影响中间调的明度。调整幅度不能过大，否则图像细节会严重丢失。

实例4.1：用色阶调整偏灰照片。

鸟素材色阶处理前、后效果如图4.17所示。步骤如下：

图 4.17　鸟素材色阶处理前、后效果

步骤 1：打开鸟素材。

步骤 2：复制图层。为了不破坏原图，利用"Ctrl+J"组合键，对背景图层进行复制。如果使用调整层增加"色阶"命令，可以不复制图层。

步骤 3：分析色阶直方图。执行"图像"→"调整"→"色阶"命令，或者直接按"Ctrl+L"组合键，打开色阶直方图，如图 4.18 所示。

从色阶直方图中可以看出，图像暗部和亮部区域颜色信息缺失，所有颜色信息都集中在中间的灰色区域，导致图像整体效果偏灰，图像对比度不足。

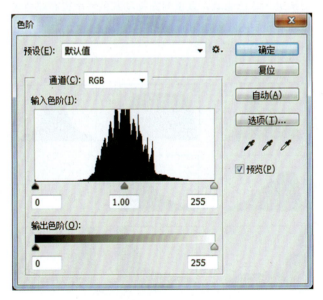

图 4.18　鸟素材图像"色阶"对话框

步骤 4：修正色阶。

方法 1：利用黑色、灰色和白色吸管重新定义黑场、灰场和白场。

（1）利用黑色吸管在图像中单击以处理为最暗的区域（如树枝的暗处），可以尝试吸取不同的地方，比较效果，直到满意为止。

（2）利用白色吸管在图像中单击以处理为最亮的区域（如鸟头部的白色区域），可以尝试吸取不同的地方，比较效果，直到满意为止。

（3）由于很难在一张图片中靠肉眼找到中间调的灰色，所以除特殊情况很少使用色灰吸管。

方法 2：直接拖动黑色、灰色和白色 3 个滑块，改变黑场、灰场和白场。

方法 1 对于初学者不太容易把握，因此建议使用方法 2。

矫正这张图片可以将暗部和亮部滑块都拖动到直方图的"山脚"下，调整后的色阶如图 4.19 所示。单击"确定"按钮，完成色阶的调整。

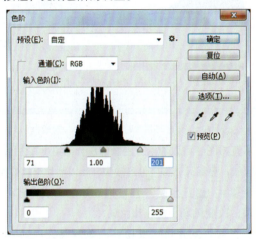

图 4.19　鸟素材图像色阶调整

步骤 5：保存图像。

实例 4.2：用色阶调整电影场景素材。

电影素材色阶处理前、后效果如图 4.20 所示。步骤如下：

图 4.20　电影场景素材色阶处理前、后效果

步骤1：打开电影场景素材。

步骤2：复制图层。为了不破坏原图，利用"Ctrl+J"组合键对背景图层进行复制。如果使用调整层增加"色阶"命令，可以不复制图层。

步骤3：分析色阶直方图。执行"图像"→"调整"→"色阶"命令，或者直接按"Ctrl+L"组合键，打开色阶直方图，如图4.21所示。

> **小贴士**
>
> 整个指数区域越偏向左边，图像越暗。反之，越偏向右边，图像越亮。

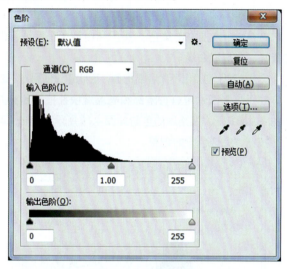

图4.21　电影场景素材图像"色阶"对话框

从直方图中可以看出，图像信息全部集中在左边，即暗部区域，亮部区域颜色信息缺失，所以照片整体偏暗。

步骤4：修正色阶。直接拖动黑色、灰色和白色3个滑块，改变黑场、灰场和白场。

矫正这张图片可以直接将白色滑块拖动到直方图"山脚"下，调整后的色阶如图4.22所示。单击"确定"按钮，完成色阶的调整。调整后亮部区域得到了明显的改善，但亮部的细节也受到了一定的损失。

步骤5：保存图像。

要养成第一时间观察直方图的习惯，几种常见的直方图如图4.23所示。

实例4.3：用色阶调整图像色调。

将实例4.2处理完成的电影场景素材改成黄绿色调，调整后的效果如图4.24所示。步骤如下：

步骤1：打开实例4.2处理完成的电影场景素材。

步骤2：复制图层。为了不破坏原图，利用"Ctrl+J"组合键，对背景图层进行复制。如果使用调整层增加"色阶"命令，可以不复制图层。

步骤3：打开色阶。执行"图像"→"调整"→"色阶"命令，或者直接按"Ctrl+L"组合键，打开色阶直方图。

步骤4：调整色阶。由于电影场景素材的蓝色调由蓝色通道控制，在"色阶"对话框"通道"下拉列表中选择"蓝"选项，进入蓝色通道的色阶，如图4.25（a）所示。

在蓝色通道色阶中，直接向右拖动灰色滑块，降低蓝色的强度，如图4.25（b）所示。由于蓝色和黄色是互补关系，降低蓝色强度，即可提高黄色强度。用同样的方法进入绿色通道，直接向左拖动灰色滑块提高绿色强度。调整后的效果如图4.24所示。

步骤5：保存图像。

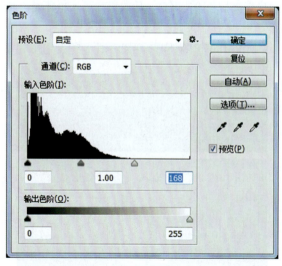

图4.22　电影场景素材色阶调整

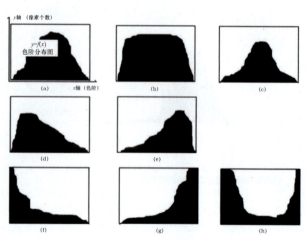

图4.23　常见直方图

（a）色阶分布图；（b）理想的全图通透；（c）理想的全图通透；
（d）局部不通透（阴影溢出）；（g）局部不通透（高光溢出）；
（h）局部不通透（两种溢出都存在）

图 4.24　电影场景素材色阶处理后效果

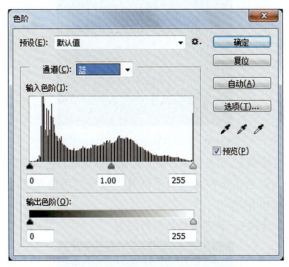

（a）

（b）

图 4.25　电影场景素材图像"色阶"对话框
（a）选择蓝色通道；（b）调整蓝色通道色阶

4.2.2　曲线

适用范围：曲线的功能非常强大，曲线一般使用RGB全图模式改变图像的明度和对比度，特别适用于人像，也可以使用单通道模式改变图像的色偏现象。

用曲线调整图层与用色阶一样，都有直方图，并且直方图从左到右依次表示图片阴影、中间调和高光区域的像素分布。曲线允许在图像的整个色调范围内最多调整14个不同的点。可以在曲线上选取不同的点对选定的明度区域进行单独调整，也可以进入某个颜色通道对该颜色进行调整。曲线在操作上比色阶灵活，效果也比色阶细腻。

使用方法：

（1）打开"曲线"对话框。

方法1：执行"图像"→"调整"→"曲线"命令。

方法2：按"Ctrl+M"组合键。

方法3：在"图层"面板中使用调整层增加"曲线"命令，可以进行无损操作。

（2）调整明度或对比度。在曲线上增加节点，往上拉曲线是提亮，往下拉曲线是调暗。

（3）改变色偏。

蓝色通道：曲线向上增加蓝色（Blue），向下增加黄色（Yellow）。

红色通道：曲线向上增加红色（Red），向下增加青色（Cyan）。

绿色通道：曲线向上增加绿色（Green），向下增加洋红色（Magenta）。

对于前面分析过的草原素材，打开"曲线"对话框，如图4.26所示，下方是和色阶一样的直方图。在直方图中斜线的两个端点分别表示图像的高光区域和暗调区域，其余部分统称为中间调。两个端点可以分别调整。

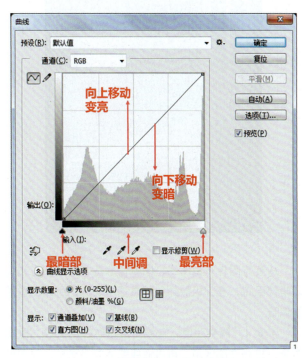

图 4.26　草原素材"曲线"对话框

实例 4.4：用曲线提亮人物图像。

女性人物素材处理前、后效果如图 4.27 所示。步骤如下：

图 4.27　女性人物素材曲线处理前、后效果

步骤 1：打开女性人物素材。

步骤 2：复制图层。为了不破坏原图，利用"Ctrl+J"组合键，对背景图层进行复制。如果使用调整层增加"曲线"命令，可以不复制图层。

步骤 3：分析曲线直方图。执行"图像"→"调整"→"曲线"命令，或者直接按"Ctrl+M"组合键，打开曲线直方图，如图 4.28 所示。

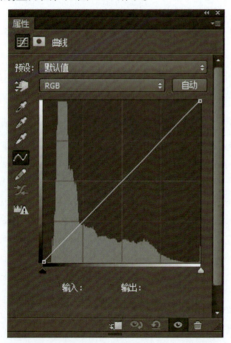

图 4.28　女性人物素材"曲线"对话框

从直方图中可以看出，图像信息基本集中在左边，即暗部区域，亮部区域颜色信息基本缺失，所以图像整体偏暗。

步骤 4：调整明度。直接向左拖动白色滑块，改变白场，提亮亮部区域。再将曲线整体向上提拉，对图像进行整体提亮，如图 4.29 所示。

图 4.29　用曲线调整女性人物素材明度

步骤 5：改变色偏。由于图像整体偏暖，色调偏红，进入红色通道将曲线向下调整，降低红色的强度，如图 4.30 所示。

步骤 6：调整完成，保存图像。

图 4.30　用曲线调整女性人物素材色偏

 学习链接

图像明暗调整

4.3 图像色彩调整

图像色彩调整的方法有很多，前面介绍的色阶和曲线也可以完成简单的调色，下面介绍几种更有针对性的调色方法，如替换颜色、色相/饱和度、可选颜色和色彩平衡等。图层混合模式也可以完成色彩调整，会在后续章节中进行介绍。

每种调色方法的适用范围和操作方法都有所不同。下面对常用调色方法进行详细介绍。

4.3.1 "替换颜色"调色法

适用范围：针对某一特定颜色（或某一个颜色范围）进行快速替换，替换颜色的同时可以很好地保留原图的高光、阴影和层次感。

"替换颜色"命令是替换颜色最快捷的方法，该命令包含"颜色选择"和"颜色调整"两个操作步骤。"替换颜色"命令的缺点在于它是不可逆的，操作后原图中的像素将被永久影响，所以建议复制图层后再使用这个命令。

使用方法：

（1）执行"图像"→"调整"→"替换颜色"命令。

（2）备份图层。

（3）指定某一颜色或颜色范围。可以配合3个吸管工具（图4.31）进行颜色范围的多次指定。

图4.31　"替换颜色"对话框中的吸管工具

第1个吸管工具：用于选取第一颜色，是默认吸管工具。

第2个吸管工具：用于增加颜色，可以将指定的颜色添加到取样中。

第3个吸管工具：用于减少颜色，可以从取样中减去指定的颜色。

（4）修改颜色容差：根据选区范围进行设置。颜色容差用来控制颜色的选择精度，数值越高，选择的颜色范围越广。

选区中的白色：代表选中的区域。

选区中的黑色：代表未选中的区域。

选区中的灰色：代表被部分选中的区域。

勾选"图像"单选按钮会显示图像内容，不显示选区。

（5）设置要替换的颜色：设置色相、饱和度和明度。

实例4.5：利用"替换颜色"命令将丝巾的蓝色替换成粉色。

丝巾颜色替换前、后效果如图4.32所示。步骤如下：

图4.32　丝巾颜色替换前、后效果

步骤1：打开丝巾素材。

步骤2：复制图层。为了不破坏原图，利用"Ctrl+J"组合键，对于背景图层进行复制。如果使用调整层增加"替换颜色"命令，可以不复制图层。

步骤3：执行"替换颜色"命令。选中复制出来的图层，执行"图像"→"调整"→"替换颜色"命令，打开"替换颜色"对话框，如图4.33所示。

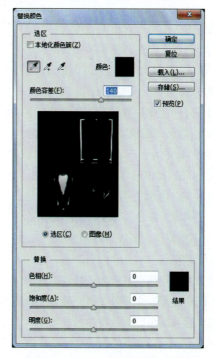

图4.33　丝巾素材"替换颜色"对话框

步骤 4：指定被替换的颜色。在弹出的对话框中，使用第 1 个吸管工具在图像中吸取丝巾的蓝色。

步骤 5：设置被替换的颜色。设置被替换的颜色为粉色，可以直接选取为粉色，也可以微调色相、饱和度和明度参数。

此时可以发现图像中的大部分蓝色已经被替换成粉色，效果如图 4.34 所示。

步骤 6：修改颜色容差，增加颜色范围。如果蓝色没有全部被粉色替换，可以通过增大颜色容差，扩大选区范围，选定的选区就是对话框中的白色部分。在图 4.34 中，增大颜色容差后部分蓝色还是没有被替换（容差值一定要根据图像的实际变换来决定），可使用第 2 个吸管工具在图像中没有被替换的蓝色区域上单击，即可扩大该蓝色部分的选区，图像中的所有蓝色就能全部被粉色替换。

步骤 7：完成颜色替换，保存图像。

拓展练习：替换图像中的天空和文字部分的颜色为粉色。

蓝色天空和文字替换颜色前后效果如图 4.35 所示。

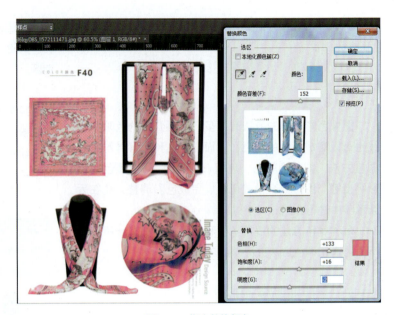

图 4.34　指定替换颜色

4.3.2　"色相/饱和度"调色法

适用范围：常用于对图像整体或某一颜色范围进行颜色饱和度、色相和明度的大幅度调整。它是一种最为常用的色彩调整方向。

使用方法：

（1）打开"色相/饱和度"对话框。

方法 1：执行"图像"→"调整"→"色相/饱和度"命令。

方法 2：按"Ctrl+U"组合键。

方法 3：在"图层"面板中使用调整层增加"色相/饱和度"命令，可以进行无损操作。

（2）调整颜色。有以下几种方式：

① 全图调整。

② 针对某一种颜色或者某一颜色范围进行调整（配合使用 3 个吸管工具，吸管工具的功能与"替换颜色"对话框中的一致），如图 4.36 所示。

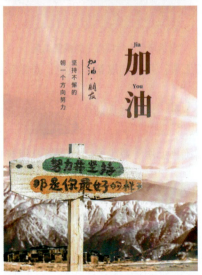

图 4.35　蓝色天空和文字替换颜色前、后效果

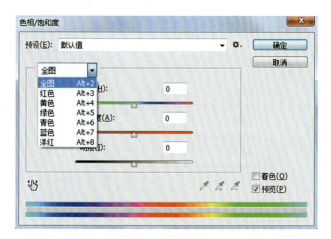

图4.36 "色相/饱和度"对话框

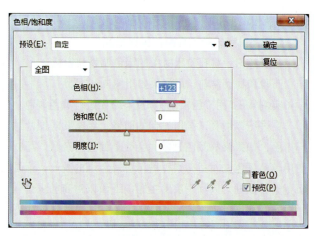

图4.38 调整色相

③单色调整。勾选"着色"复选框。

实例4.6：利用"色相/饱和度"命令对全图颜色进行大幅度调整。

椅子素材调整前、后效果如图4.37所示。步骤如下：

图4.37 椅子素材调整前、后效果

步骤1：打开椅子素材。

步骤2：复制图层。为了不破坏原图，利用"Ctrl+J"组合键，对背景图层进行复制。如果使用调整层增加"色相/饱和度"命令，可以不复制图层。

步骤3：执行"色相/饱和度"命令。选中复制的图层，利用"Ctrl+U"组合键，打开"色相/饱和度"对话框。

步骤4：调整颜色。由于是对椅子整体进行颜色调整，不需要指定某一种颜色，只需要调整色相即可，将色相调整滑块往右边移动，如图4.38所示。

步骤5：完成颜色替换，保存图像。

实例4.7：利用"色相/饱和度"命令对图像的某一种颜色进行大幅度调整。

对于颜色的调整，除了根据实际产品的颜色进行之外，还可以根据参考图片进行特殊调整。下面通过具体的实例，根据紫色调参考图，对蒲公英素材进行紫色调整，如图4.39所示。步骤如下：

图4.39 参考图和蒲公英素材调色前、后效果

步骤1：打开蒲公英素材和紫色调参考图。

步骤2：复制图层。为了不破坏原图，利用"Ctrl+J"组合键，对背景图层进行复制。如果使用调整层增加"色相/饱和度"命令，可以不复制图层。

步骤3：执行"色相/饱和度"命令。选中复制的图层，利用"Ctrl+U"组合键，打开"色相/饱和度"对话框。

步骤4：调整绿色。由于是对蒲公英素材的绿色进行调整，需要指定绿色，改变色相，观察图像的颜色变换效果。如果图像中还有绿色没有发生改变，可以使用第二个吸管工具单击图像中的绿色，完成绿色的替换。如果觉得紫色比较深，可以适当降低饱和度，增加明度，如图4.40所示。调整后的效果如图4.41所示。

不要刻意记忆某一调整参数，而应根据参考图和图片变化效果进行调整。

步骤5：调整蓝色。从图4.41中可以看出，图像已经大部分被调整成紫色，但还有部分图像是蓝色，所以需要再次对蓝色进行调整。如果怕颜色调整出错，可以对刚才复制的图层再次进行复制，对复制出来的调整层增加"色相/饱和度"命令，选择蓝色通道进行调整即可。

步骤6：完成颜色替换，保存图像。

拓展练习：将石阶素材中的绿色调整为粉色。

石阶素材调整前、后效果如下图4.42所示。

实例4.8：用"**色相/饱和度**"命令进行单色调色。

在进行详情页、画册设计的时候，经常要对图片进行排版，如果素材颜色过多，会让画面显得杂乱，可以使用单色调色法对所有素材进行色彩色调的统一，让画面更具整体性，以利于突出主题。下面以对商务人士素材进行单色调色为例进行讲解，调色前、后效果如图4.43所示。步骤如下：

步骤1：打开商务人士素材。

步骤2：复制图层。为了不破坏原图，利用"Ctrl+J"组合键，对背景图层进行复制。如果使用调整层增加"色相/饱和度"命令，可以不复制图层。

步骤3：执行"色相/饱和度"命令。选中复制的图层，利用"Ctrl+U"组合键，打开"色相/饱和度"对话框。

步骤4：设置单色。由于是对全图进行调整，所以不需要指定颜色。先勾选"着色"复选框，再根据配色要求调整色相、饱和度和明度，这里调整为蓝色调，调整参数如图4.44所示。

步骤5：完成颜色替换，保存图像。

4.3.3 "可选颜色"调色法

适用范围："可选颜色"命令在色彩调整方面有很广泛的应用，如肤色的调整、色偏的调整、树木颜色的调整、天空颜色的调整等。

"可选颜色"命令是非常精确的一种单通道调整命令，它针对单通道颜色进行调节，选择与图片对应的颜色，结合三原色之间的互补色关系得到不同层级的效果，而且色彩针对性强，调整时不会影响其他色彩，属于超精细类型调节。所以，可以用"可选颜色"命令精确调整图像中想要修改的颜色而保留不想更改的颜色。但是，如果不理解该命令的调色原理，一般难以良好掌握该命令。

"可选颜色"调色法其实属于油墨混合调色，其原理是通过增减Cyan（青）、Magenta（洋红）、Yellow（黄）、Black（黑）四色油墨来改变颜色，而不影响选定颜色以外的其他颜色。

使用方法：

（1）执行"可选颜色"命令。

方法1：执行"图像"→"调整"→"可选颜色"

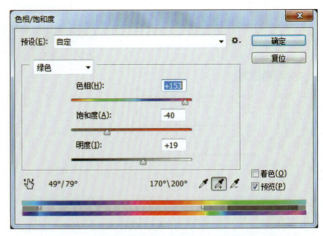

图4.40 绿色范围的色相、饱和度、明度参数设置

图4.41 绿色范围调整效果

图4.42 石阶素材调整前、后效果

图4.43 商务人士素材单色调色前、后效果

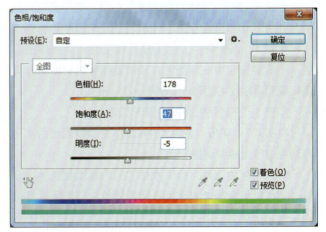

图4.44 商务人士素材单色调整的色相、饱和度、明度参数设置

命令（在执行命令之前，最好先复制图层）。

方法2：使用调整层增加"可选颜色"命令进行调色。

（2）指定某一种颜色。在"可选颜色"对话框"颜色"下拉列表中有"红色""黄色""绿色""青色""蓝色""洋红""白色""中性色"和"黑色"共9个颜色选项可供选择，如图4.45所示。

图4.46 互补色关系图

为反相色）；

②绿色 + 洋红 = 白色（绿色和洋红为互补关系，互为反相色）；

③蓝色 + 黄色 = 白色（蓝色和黄色为互补关系，互为反相色）；

④青色 = 绿色 + 蓝色；

⑤洋红 = 红色 + 蓝色；

⑥黄色 = 红色 + 绿色；

⑦红色 = 洋红 + 黄色；

⑧绿色 = 青色 + 黄色；

⑨蓝色 = 青色 + 洋红；

……

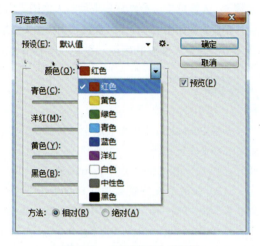

图4.45 "可选颜色"对话框

（3）指定调整方法。调整可选颜色参数时有相对和绝对两种调整方法。

相对：按照与总量百分比相加或相减的方式改变现有颜色。如原来青色为50%，增加10%（实际增加了50%×10%=5%），青色油墨变成55%。

绝对：按照与绝对数值相加或相减的方式改变现有颜色。如原来青色为50%，增加10%（实际增加了10%），青色油墨变成60%。

绝对调整比相对调整的幅度大。

（4）调整颜色数值。其实很多人在调整可选颜色数值的时候都有些盲目，或者靠感觉进行调色。应该先了解减色模式和加色模式。

CMYK颜色模式中的青色、洋红和黄色3种颜色混合产生黑色，所以属于减色模式。RGB颜色模式中的红色、绿色和蓝色3种颜色混合产生白色，所以属于加色模式。加色模式就是颜色越加明度越高，如红色加绿色加蓝色最后得到白色，白色的明度显然是最高的100，而其他颜色的明度肯定小于100。减色模式则反之，颜色越加明度越低，如洋红加黄色加青色，最后得到的就是黑色，黑色的明度为0，肯定比其他颜色的明度低。

下面罗列几种常见的色彩公式，可以参考互补色关系图（图4.46）记忆。

①红色 + 青色 = 白色（红色和青色为互补关系，互

在调整可选颜色数值时，往右调整，表示增加青色、洋红、黄色或黑色，即减少对应的红色、绿色、蓝色和白色；往左调整，表示增加红色、绿色、蓝色和白色，即减少对应的青色、洋红、黄色和黑色。

例如，如果需要在画面中减少红色，由于红色等于洋红加黄色，所以有两种方法实现：

方法1：在列表框中选择"红色"选项，在红色中增加青色（由于青色属于减色模式，所以图像会变暗）。

方法2：在列表框中选择"红色"选项，减少洋红和黄色，即增加绿色和蓝色（由于绿色和蓝色属于加色模式，所以图像会变亮）。

实例4.9：利用"可选颜色"命令调整灰蓝色天空素材。

将灰蓝色天空调整成青蓝色天空，调整前、后效果如图4.47所示。步骤如下：

步骤1：打开灰蓝色天空素材。

步骤2：复制图层。为了不破坏原图，利用"Ctrl+J"组合键，对背景图层进行复制。如果使用调整层增加"可选颜色"命令，可以不复制图层。

步骤3：分析图像。如果直接使用"色相/饱和度"命令增加天空的蓝色强度，会有色溢现象。所以不建议使用"色相/饱和度"命令，而使用"可选颜色"命令。在调整图像之前，发现图像中的亮部缺失，所以适当增加色阶的白场。

步骤4：执行"可选颜色"命令。选中复制的图层，执行"图像"→"调整"→"可选颜色"命令，打开"可选颜色"对话框。

步骤5：调整颜色。

（1）调整青色。由于目前与天空最接近的颜色为青色，所以在"颜色"下拉列表中选择"青色"选项进行调整。为了加强调整效果，可以选择绝对的方式进行调整。在青色中增加青色和蓝色。调整参数和调整效果如图4.48所示。调整后发现，天空比之前更蓝了。

（2）再次调整青色。由于可选颜色可以进行叠加，所以可以使用同样的方法再次调整青色，在青色中增加青色和蓝色，如果蓝色和青色的增加幅度不需要太大，调整数值可以不用设置到最大。

步骤6：重复步骤5，完成调色，保存图像。

实例4.10：利用"可选颜色"命令调整人像皮肤。

对人像皮肤进行美白处理，调整前、后效果如图4.49所示。步骤如下：

步骤1：打开人像皮肤素材。

步骤2：复制图层。为了不破坏原图，利用"Ctrl+J"组合键，对背景图层进行复制。如果使用调整层增加"可选颜色"命令，可以不复制图层。

步骤3：提亮图像。在调整图像之前，发现图像比较暗，可以适当用"曲线"命令进行提亮。

步骤4：修复瑕疵。利用"污点修复工具"或"修复画笔工具"修复人像脸部比较明显的瑕疵。瑕疵修复效果如图4.50所示。

步骤5：人像磨皮。给修复瑕疵后的人像图层增加磨皮滤镜，设置参数如图4.51所示，磨皮效果如图4.52所示。

步骤6：调整人像皮肤颜色。肤色主要由黄色和红

小贴士

如果Photoshop中未安装磨皮滤镜插件，需要先安装磨皮滤镜插件。

（1）下载磨皮滤镜插件Portraiture。

（2）安装磨皮滤镜插件到Photoshop软件安装目录下的"Plug-ins"文件夹中（C：\Program Files（x86）\Adobe\Photoshop CS6\Plug-ins）。

（3）重新启动Photoshop软件即可。

图4.47　灰蓝色天空素材调整前、后效果

图4.48　调整青色

图4.49　人像皮肤调整前、后效果

图4.50　瑕疵修复效果

图4.51　磨皮参数设置

图4.52　人像磨皮效果

色组成。本实例中的人像皮肤偏红，所以先减少红色，再略微减少黄色，就可以起到美白的效果。选择红色，对皮肤颜色进行轻微调整即可，最好选择相对模式进行数值调整。增加红色中的青色，轻微减少洋红和黄色。选择黄色，适当减少黄色。调整参数如图 4.53 所示。

步骤 7：调整口红颜色。由于调整红色时，减少了人像口红的颜色，可以使用"套索工具"选择嘴唇部分（适当羽化 5 像素左右），给嘴唇部分选区增加"可选颜色"命令。在红色中减少青色，再适当增加一点洋红，可以让口红偏粉色系。调整口红颜色参数设置如图 4.54 所示。图层效果如图 4.55 所示。

步骤 8：调色。本例中采用的是通过调整层增加"可选颜色"命令，如果觉得人像皮肤缺乏血色，可以再次打开皮肤的"可选颜色"对话框，将青色增加的幅度降低，即可还原血色。

步骤 9：完成调色，保存图像。

拓展练习：调整人像和天空的颜色。

人像和天空的颜色调整前、后效果如图 4.56 所示。

实例 4.11：利用"可选颜色"命令进行大幅度颜色调整。

将绿色草原转化为黄色草原，调整前、后效果如图 4.57 所示。步骤如下：

步骤 1：打开绿色草原素材。

步骤 2：复制图层。为了不破坏原图，利用"Ctrl+J"组合键，对背景图层进行复制。如果使用调整层增加"可选颜色"命令，可以不复制图层。

步骤 3：调整绿色为黄色。草原主要由绿色和黄色组成。先选择绿色，减少青色，适当增加洋红和黄色。再选择黄色，增加黄色，适当增加洋红，减少青色。绿色调整参数设置如图 4.58 所示。

步骤 4：完成调色，保存图像。

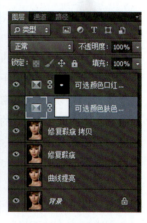

图 4.53　人像皮肤红色和黄色调整　　图 4.54　人像口红颜色调整参数设置　　图 4.55　人像口红调整图层效果

图 4.57　草原颜色调整前、后效果

图 4.56　人像和天空的颜色调整前、后效果　　图 4.58　绿色草原调整参数设置

小贴士

（1）利用"可选颜色"命令选择某一种颜色进行调整时，要确保图像中有这样一种颜色。比如选择红色进行调整时，要确保图像中有红色，"可选颜色"命令才有效，否则图像颜色不会发生改变。

（2）对同一种颜色的调整，"可选颜色"命令可以进行多次叠加使用。

（3）用"可选颜色"命令调色其实并不复杂，在调整颜色的时候，选择某一种颜色后，给此颜色加什么颜色，此颜色就偏向什么颜色，比如给红色增加黄色，结果就是红色偏向黄色。

4.3.4 "色彩平衡"调色法

适用范围：对图像的阴影、中间调和高光3个区域进行颜色调整，常用于矫正图像偏色、饱和度不足和过饱和的情况，也经常用于冷暖对比的色调调整。通过对互补色与邻近色的调整，可以轻松得到想要的色调。"色彩平衡"命令的调色原理与"曲线"命令类似。

使用方法：

（1）执行"色彩平衡"命令。

方法1：执行"图像"→"调整"→"色彩平衡"命令。

方法2：按"Ctrl+B"组合键。

方法3：通过调整层增加"色彩平衡"命令。

执行"色彩平衡"命令后，会弹出"色彩平衡"对话框，如图4.59所示。

（2）调整颜色。

①选择区域。"色彩平衡"命令可以从阴影、中间调和高光3个不同的区域分别调整图像的颜色。3个区域与色阶和曲线中的暗部、中间调和亮部等同。

②调整颜色。在"色彩平衡"对话框中，通过3个区域可以为图像加入青色、洋红、黄色、红色、绿色和蓝色6种颜色。这6种颜色的关系在前面章节已经进行了详细介绍，这里不再赘述。

"色彩平衡"命令的调色原理是：一种颜色增加，其互补色就会减少。3个数值框分别代表下面3个滑块的位移情况，可通过直接更改数字或者移动滑块来实现颜色调整。当滑块滑到哪种颜色附近时，就表示在图像中添加哪种颜色，而其反相的颜色在图像中将会减弱。比如，以中间调为例：

将第一个滑块向左移动，图像的中间调部分会得到加青减红的效果。

将第一个滑块向右移动，图像的中间调部分会得到加红减青的效果。

③保持明度。在进行色彩平衡调整时，图片的明暗程度也会随之改变。勾选此复选框，可以防止图像的亮度值随着颜色的更改而改变。该复选框默认为勾选状态。

实例4.12：利用"色彩平衡"命令调整偏色照片。

偏色照片调整前、后效果如图4.60所示。步骤如下：

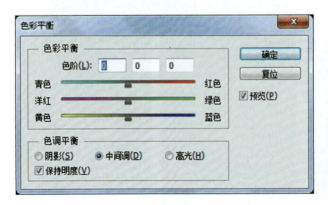

图4.59 "色彩平衡"对话框

图4.60 偏色照片调整前、后效果

步骤1：打开偏暖色的照片素材。

步骤2：复制图层。为了不破坏原图，利用"Ctrl+J"组合键，对背景图层进行复制。如果使用调整层增加"色彩平衡"命令，可以不复制图层。

步骤3：执行"色彩平衡"命令，方法如前面介绍。

步骤4：矫正色偏。由于图像偏暖色，为了矫正色偏现象，只要将阴影、中间调和高光3个不同区域的颜色都调整为冷色即可。由于图像中中间调部分最多，所以一般先调整中间调，再调整另外两个区域，3个区域的数字可以根据图像效果进行多次调整。3个区域的颜色调整数值可以根据图像效果略有不同。调整参数设置如图4.61所示。

步骤5：完成调色，保存图像。

实例4.13：利用"色彩平衡"命令改变冷暖对比。

为了营造氛围，在一些电影镜头中通常会采用冷暖对比，如图4.62所示，两张图都采用了冷暖对比，高光部分为暖色，阴影部分为冷色。

下面以夕阳图素材为例，具体介绍冷暖对比的调整过程。冷暖对比调整前、后效果如图4.63所示。

步骤1：打开夕阳图素材。

步骤2：复制图层。为了不破坏原图，利用"Ctrl+J"组合键，对背景图层进行复制。如果使用调整层增加"色彩平衡"命令，可以不复制图层。

步骤3：执行"色彩平衡"命令，方法如前面介绍。

步骤4：调整冷暖对比效果。由于图像只需要调整冷暖对比，所以将高光部分调整为偏暖色，阴影部分调整为冷色即可。调整参数设置如图4.64所示。由于原图中天空部分由红色和黄色组成，所以在高光和阴影部分对这两个颜色都进行了调整。一般情况下只需要调整黄色和蓝色。

步骤5：适当调整中间调。为了加强效果，可以适当调整中间调，加强红色和黄色。调整参数设置如图4.65所示。

步骤6：完成调色，保存图像。

拓展练习：完成树林冷暖对比调整。

树林冷暖对比调整前、后效果如图4.66所示。

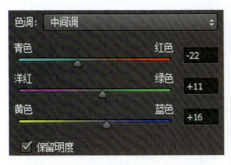 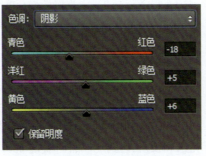 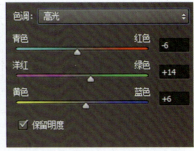

图4.61　色偏照片色彩平衡调整参数设置

图4.62　电影镜头中的冷暖对比

图4.63　夕阳图素材冷暖对比调整前、后效果

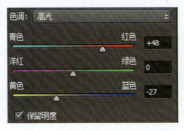 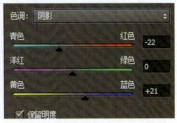

图4.64　夕阳图素材阴影和高光调整参数设置

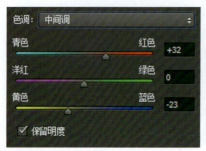

图 4.65 夕阳图素材调整参数设置

图 4.66 树林冷暖对比调整前、后效果

> 学习链接

图像色彩调整

4.4 特殊风格调色

前面介绍了常用调色工具的适用范围和使用方法。调色的目的有两个。一个目的是矫正图像的不足，如色偏等，比如为了让图像更好地融入设计作品，需要对图像进行颜色调整。通过调色，不仅能把废照片调整成具有活力的照片，还能把单调、颜色低沉的照片调成具有高级感的大片。

另一个目的是营造一种特殊的风格。在熟练运用调色工具以后，可以将图像调整成任何想要的风格。优秀的调色不仅可以让废照片变废为宝，还可以为优秀照片锦上添花。

调色风格有很多，常见的有电影风格、复古风格、日系风格、文艺风格、科技风格、小清新风格和创意风格等。只要懂得调色原理，这些风格的调色可以触类旁通。在一开始学习风格调色的时候，可以选择电影场景进行参考。

下面以日系风格调色为例进行介绍。

图 4.67 所示为两张日系风格照片，仔细分析照片可以发现，日系风格照片存在图像对比度低、色彩淡雅和存在色偏现象等特点，所以可以通过降低对比度、饱和度，调整色偏等操作对图像进行调整。

具体过程如下：

（1）降低对比度：先增加曝光，即调高亮度。

（2）降低饱和度：降低饱和度，再增加自然饱和度。增加自然饱和度是为了不让画面颜色具有生机，同时不会让颜色过于鲜艳，破坏安静的感觉。

（3）整体调整色偏：对中间调、高光适当地增加蓝色或绿色，或其他暖色。

（4）解决局部偏色问题：为图中的主色营造偏色的效果。

（5）创建光效：新建图层，填充颜色（R：230、G：233、B：222），根据需要调整不透明度，拉出渐变。要注意的是，拉渐变时一定要顺着光线的方向，否则会导致整体感觉生硬。

实例 4.14：日系风格调色。

日系风格调色前、后效果如图 4.68 所示。步骤如下：

图 4.67 日系风格照片

图 4.68 日系风格调色前、后效果

步骤1：打开素材。

步骤2：复制图层。为了不破坏原图，利用"Ctrl+J"组合键，对背景图层进行复制。如果使用调整层增加相应命令，可以不复制图层。

步骤3：降低对比度。先提高亮度和对比度增加曝光，再适当调整色阶的中间调和亮部。亮度/对比度和色阶调整如图 4.69 所示。

步骤4：降低饱和度。先降低饱和度。为了不让画面的颜色死灰、了无生机，可以增加自然饱和度。调整参数设置如图 4.70 所示。

步骤5：整体调整色调偏色。为了匹配图像中座椅的颜色，可以让图像整体偏青色。随意对"色彩平衡"对话框中的中间调和高光区域适当增加青色和黄色，如图 4.71 所示。

步骤6：解决局部偏色问题，为图中的主色营造偏色的效果。可以让图像中的主体物，即人物的脸部和衣服的颜色（黄色）稍微偏青，所以调整"可选颜色"对话框中的黄色，在黄色中加入轻微的青色，如图 4.72 所示。

步骤7：创建光效。新建空白图层，将前景色设置为偏冷的白色（R：230、G：233、B：222），选择第二个渐变工具（前景色到透明的渐变工具），在新建的图层中拉出渐变。图像的光线为从左上角方向到右下角方向，所以渐变也从左上角拉到右下角人物的脸部位置即可。适当降低图层的不透明度。图层效果如图 4.73 所示。

步骤6：完成调色，保存图像。

拓展练习：将人像照片调整为日系风格。

人像照片调整为日系风格前、后效果如图 4.74 所示。

图 4.69　亮度/对比度和色阶调整

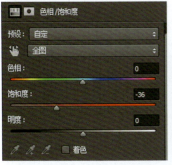

图 4.70　色相/饱和度和自然饱和度调整参数设置

图 4.71　在"色彩平衡"对话框中调整中间调和高光

图 4.72　图像人物部分可选颜色色偏调整

图 4.73　图层效果

图 4.74　人像照片调整为日系风格前、后效果

学习链接

日系风格调色法

学/习/评/价/表

一级指标	二级指标	评价内容	评价方式		
			自评	互评	教师评价
职业能力（50%）	图像明暗处理（20%）	能判断给定素材存在的明暗问题，能利用色阶和曲线工具完成图像亮度及对比度调整			
	图像色彩处理（30%）	具有一定的配色能力，能根据给定的参考效果，对图像素材进行参考调色			
作品效果（50%）	技术性（10%）	能合理选择调色工具，能根据图像效果对调色工具的参数进行有效设置			
	美观性（20%）	调色效果美观，配色合理，图像清晰，图像无噪点			
	规范性（10%）	素材选取合理，具有实用性；修图过程规范			
	创新性（10%）	素材选取和修图效果具有创新性			

本/章/习/题

一、填空题

（1）色彩的三要素是指_____、_____、_____。

（2）三原色是指_____、_____、_____。

（3）在 12 色相环中，如果两个颜色相隔的角度为 180°，这两个颜色属于_____。

（4）对于偏灰照片，一般使用_____进行修正。

（5）如果想对图像的颜色进行精确调整，最好使用_____调色。

（6）如果想为图像增加冷暖对比的效果，最好使用_____调色。

（7）使用"图层"面板中的调整层进行调色的优势是_____。

二、判断题

（1）"色阶"和"曲线"命令只能调整明度和对比度，不能调整颜色。（   ）

（2）"曲线"和"色彩平衡"的调色原理一致，都分别通过 3 个区域进行颜色调整。（   ）

三、操作题

（1）调色练习：对油纸伞图像进行调色处理，调色前后效果参考图 4.75。

（提示：分析图片明暗，光线，可以调整色阶、曲线和色彩平衡等）

图 4.75　油纸伞调色前、后效果

（2）综合调色练习：对人物及背景进行修图和综合调色练习，调整前、后效果如图 4.76 所示。

（提示：对背景和人像皮肤进行瑕疵修复；对人物皮肤进行磨皮和修型；对背景和人像进行调色；最后进行氛围感调色。）

图 4.76　背景和人像修图前、后效果图

第 5 章 图像抠图和绘图技术

CHAPTER 5

内容概述

本章主要介绍了如何对图像进行快速抠图，如何使用钢笔工具进行图像的精确抠图，以及通过实际工作案例详细介绍了典型工作任务中具有较高难度的透明产品、植物和毛发等图形的抠图方法。除介绍抠图方法外，还介绍每个抠图方法的适用范围和操作规范。通过本章的学习，可以让读者根据工作需求选择最合适的抠图方法实现抠图效果。

学习目标

1. 了解抠图方法的种类、适用范围和区别；
2. 掌握选择合适工具进行快速抠图的方法；
3. 掌握利用钢笔工具进行精细抠图的方法；
4. 掌握利用钢笔工具进行图形绘制的方法；
5. 掌握透明产品、植物和毛发等图形的抠图方法；
6. 培养操作规范；
7. 培养精益求精、吃苦耐劳的工匠精神。

本章重点

掌握各个抠图工具的适用范围、操作方法和操作规范。重点掌握非精确抠图方法中的魔棒工具抠图方法和抠图流程，掌握钢笔工具精确抠图的方法和抠图流程，掌握钢笔工具绘制图形和修改图形的操作方法，了解较高难度图形的抠图方法。

抠图是视觉设计中的一项重要的基础工作，是每个设计师必备的一项工作技能。如各大电商平台中海报、主图、首页和详情页设计都会或多或少地涉及商品的抠图工作。抠图方法有很多种，对于同一个对象的抠图方法并不是唯一的。为了提高工作效率，要尽可能选择最高效的抠图方法，实现尽可能精确的抠图。下面分类介绍常用的抠图工具的适用范围和抠图方法。

5.1 图像快速抠图

5.1.1 选框工具抠图

适用范围：适用于外形十分规则的图像的抠取，如矩形、圆形、椭圆形、单行、单列等。

方法意图：根据对象的外形进行快速抠图。

使用方法：

选框工具位于"移动工具"下方，单击"矩形选框工具"按钮右下角的扩展三角按钮，可以看到选框工具组，包含矩形、椭圆、单行和单列4个选框工具，如图5.1所示。最常用的为"矩形选框工具"和"椭圆选框工具"，下面以"椭圆选框工具"为例介绍抠图过程。

图5.1 选框工具组

1．椭圆选框工具

实例5.1：使用"椭圆选框工具"抠选皮球。

步骤1：打开皮球素材。

步骤2：选择合适的抠图工具。分析素材的外形特征，皮球属于规则椭圆，接近正圆，所以选择"椭圆选框工具"进行抠图。单击"矩形选框工具"按钮右下角的扩展三角按钮，在弹出的工具组中选择"椭圆选框工具"。

步骤3：绘制圆形选区。

（1）找出皮球的中心位置（目测即可），单击中心点。

（2）按住Alt键，即可以这个点为中心绘制椭圆形选区（如果不需要确定中心点，则不需要按住Alt键）。

注意：按住Shift键，即可绘制出正圆选区。

绘制的选区如图5.2所示。如果对选区不满意，想重新绘制选区，可以按"Ctrl+D"组合键取消选区。

图5.2 皮球圆形选区效果

步骤4：调整选区的位置。由于确定的中心点不精确，矩形选区和皮球素材的位置有偏差，可以使用以下方法对选区的位置进行调整。调整后的效果如图5.3所示。

方法1：直接使用鼠标移动选区的位置（务必确保工具栏中选中的是选框工具）。

方法2：使用方向键移动选区的位置（务必确保工具栏中选中的是选框工具）。

图5.3 调整选区的位置

步骤5：调整选区的大小。调整选区的位置之后，发现选区和素材的大小还是不太吻合，需要对选区的大小进行调整。单击鼠标右键，在弹出的快捷菜单中选择"变换选区"命令（或者执行"选择"→"变换选区"命令），就可以通过拖动8个节点的位置对选区的大小进行调整，调整前、后的效果如图5.4和图5.5所示。调整好大小以后，按Enter键结束变换选区操作。

图 5.4 选区大小调整前

图 5.5 选区大小调整后

步骤 6：将选区中的内容复制到新图层。按"Ctrl+J"组合键，即可将选区中的内容复制到新图层，图层效果如图 5.6 所示。

图 5.6 复制到新图层以后的图层效果

步骤 7：取消选区（按"Ctrl+D"组合键）。
步骤 8：保存文件。
完成皮球素材的抠选，即可以自由地将素材应用到其他设计作品。

2. 矩形选框工具

实例 5.2：使用"矩形选框工具"抠选画框。
画框的抠选操作与皮球的抠选操作类似，这里不再赘述，学生可以自行完成。

矩形选区的绘制和圆形选区的绘制方法一致；也可以先确定中心点，按住 Alt 键，即可以这个点为中心绘制矩形选区；按住 Shift 键，即可绘制出正方形选区。

画框原图和抠图效果分别如图 5.7 和图 5.8 所示。

图 5.7 画框素材原图　　图 5.8 画框抠图效果

5.1.2 套索工具抠图

Photoshop 软件中套索工具组包含三种套索工具，分别是"套索工具""多边形套索工具"和"磁性套索工具"，如图 5.9 所示。运用这些工具可以非常快速地选取所需的不规则或多边形选区。

图 5.9 套索工具组

1. 套索工具

适用范围：粗略抠图。
方法意图：粗略抠图，不求精确。
使用方法：
步骤 1：选取"套索工具"。
步骤 2：绘制选区。用"索套工具"粗略地围着想要选取的图像区域绘制选区，边框各处要与图像边界有差不多的距离，这样能确保下一步羽化效果的统一性，提高抠图的精确性。

绘制选区时，可以利用选区工具属性栏中的相关命令对选区进行加选和减选操作，如图 5.10 所示。这些命令适用于所有选区工具。

图 5.10　选区工具属性栏

（1）新建选区：一次只能创建一个封闭的选区范围。

（2）添加到选区：可以在现有选区的基础上，再次增加新的选区，快捷键为 Shift。

（3）从选区减去：可以在现有选区的基础上，减少选区范围，快捷键为 Alt。

（4）与选区交叉：只保留交叉部分的选区。

步骤 3：执行"羽化"命令，建议使用方法 2。

方法 1：单击鼠标右键，在弹出的快捷菜单中选择"羽化"命令。

方法 2：按"Shift+F6"组合键。

步骤 4：输入羽化值。羽化值的大小，要根据前一步边框与图像的间距的像素大小调节。初学者可以先使用 20 像素，如果过大，再退回操作，重新输入羽化值为 10 像素左右即可。

实例 5.3：对人物皮肤进行提亮处理。

人物素材原图和提亮效果如图 5.11 和图 5.12 所示。

图 5.11　人物素材原图　　图 5.12　提亮皮肤效果

操作步骤如下：

步骤 1：打开人物素材，如图 5.11 所示。

步骤 2：选取"套索工具"。

步骤 3：绘制脸部选区。在"套索工具"属性栏中，单击默认的"新建选区"按钮，粗略地绘制出人物的脸部选区。选区一般会比需要选取的脸部区域略大一些，如图 5.13 所示。注意选区边缘与部分边界的距离尽可能相同，以方便羽化操作。

步骤 4：增加手臂选区。单击工具属性栏中的"添加到选区"按钮，或者使用 Shift 键，再增加肩膀和手臂的选区，即可完成选区的增加，如图 5.14 所示。

图 5.13　创建脸部选区　　图 5.14　增加肩膀、手臂选区效果

步骤 5：对选区进行羽化。按"Shift+F6"组合键，在弹出的对话框中输入羽化半径为 150 像素（羽化数值需根据图片大小确定），如图 5.15 所示，单击"确定"按钮。

图 5.15　"羽化选区"对话框

步骤 6：对选区内容进行曲线调整。按"Ctrl+M"组合键，打开"曲线"对话框，在曲线的中间位置增加一个点，如图 5.16 所示。轻微向上移动即可实现对选区部分的提亮，效果如图 5.12 所示（"曲线"命令会在后续章节中详细介绍）。

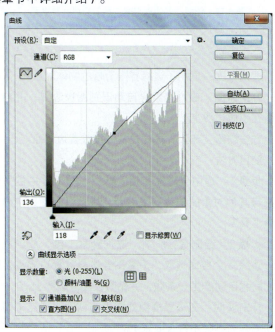

图 5.16　"曲线"对话框

步骤 7：取消选区（组合键"Ctrl+D"），保存文件。

2. 多边形套索工具

适用范围：边缘为直线的、棱角分明的多边形物体素材，如电视机、书、盒子、楼宇等。

方法意图：快速抠图。

方法缺陷：选区选取以后无法对某条边或某个节点进行细节修改。

使用方法：

在绘制选区时，每单击一次，就可以绘制出下一个顶点。

在绘制选区时，可以使用 Delete 键删除一条线段，每按一次 Delete 键就可删除一条线段。

实例 3.4：使用"多边形套索工具"完成礼盒的抠选。

图 5.17 所示的礼盒素材，由于操作比较简单，这里不再详细讲解，大家可以自行进行练习。

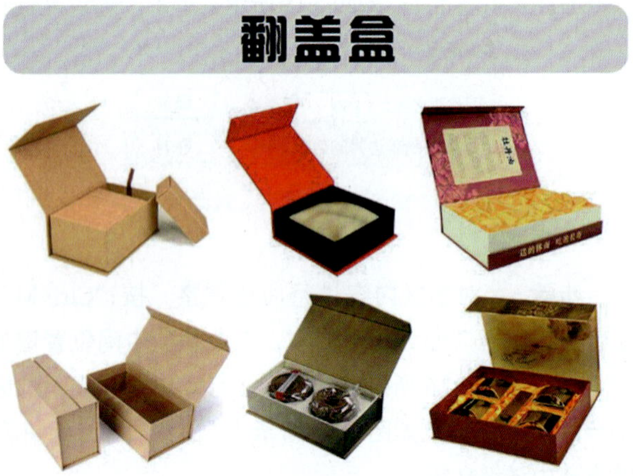

图 5.17 使用"多边形套索工具"完成礼盒抠图

3. 磁性套索工具

适用范围：适用于边缘界限清晰的物体对象。

方法意图：磁性套索会自动识别图像边界，并自动黏附在图像边界上。

方法缺陷：在边界模糊处需仔细放置边界点。

使用方法：

步骤 1：选中"磁性套索工具"。图 5.18 中的手臂对象与其他对象的边缘界限清晰，所以可以使用"磁性套索工具"。

步骤 2：绘制选区。将"磁性套索工具"放到目标图形边缘就会自动选取，沿着图像边界放置边界点，两点之间会自动产生一条线，并黏附在图像边界上。

特别说明：在边界模糊处需手动创建边界点（因为自动创建的点会不符合要求）。

在图 5.18 中，肩膀和衣服阴影的交界处需要手动创建锚点才能确保选区节点的正确性。

步骤 3：闭合选区，复制出选区即可。

图 5.18 用"磁性套索工具"选取手臂和肩膀

3.1.3 基于颜色的抠图

基于颜色的抠图方法主要有两种：用"快速选择工具"抠图和用"魔棒工具"抠图，快捷键是 W，如图 5.19 所示。还有一种方法是执行"选择"→"色彩范围"命令。这里主要介绍前面两种，最后一种方法大家可以自行练习。

图 5.19 基于颜色的抠图工具组

1. 魔棒工具

适用范围：适用于图像和背景色色差明显，背景色单一，图像边界清晰的图像，或者快速选取与某一颜色相近的区域（各个颜色相近的区域可以是连续的，也可以是不连续的）。

方法意图："魔棒工具"是一种基于颜色的快速抠图工具，一般通过删除背景色获取图像。

方法缺陷：选区边缘可能会存在锯齿现象；对散乱的毛发没有用。

参数介绍："魔棒工具"属性栏中主要有以下 4 个功能属性，如图 5.20 所示，下面进行详细介绍。

图 5.20 "魔棒工具"属性栏

(1)容差:设置选区颜色范围的近似程度,数值范围为 0~255,默认值为 32 像素。容差值越大,选取相同、相近颜色的能力就越大,选取的范围越大;容差值越小,选取相同、相近颜色的能力就越小,选取的范围越小。

(2)消除锯齿:使选区边缘平滑。默认为选中状态。

(3)连续:勾选复选框,只能选择相连区域中的相近颜色区域;不勾选复选框,可以选择图像中所有颜色相近的区域。

(4)对所有图层取样:勾选复选框,对所有图层有效;不勾选复选框,只对当前图层有效。

使用方法:

步骤 1:选择"魔棒工具"。

步骤 2:确定是否在工具属性栏中勾选"连续"复选框。

步骤 3:在工具属性栏中设置容差。一般先使用默认值。容差值可以通过选取效果进行多次调整。

步骤 4:选取颜色。在图像中单击想要选取的对象的任意一点,就能将该点所在的像素颜色作为参考色进行近似色区域的选取。

步骤 5:调整容差。如果对选框的范围不满意,可以先按"Ctrl+D"组合键取消选框,再对上一步的容差值进行调节,直到选区满意为止。

步骤 6:如果选取的是背景区域,按"Ctrl+Shift+I"组合键进行选取方向的选择。

步骤 7:复制选区(组合键"Ctrl+J"),完成抠图。

实例 5.5:使用"魔棒工具"完成花朵素材的抠图。

花朵素材抠图前、后效果如图 5.21 所示。

图 5.21 花朵素材抠图前、后效果

拿到素材,最好先对素材进行分析。如本例中,花朵图像轮廓清晰,可以使用"磁性套索工具",也可以使用"魔棒工具",本例主要使用"魔棒工具"完成。由于背景颜色和花朵的颜色都比较单一,可以有两种途径选取花朵。

方法 1:直接使用"魔棒工具"选取花朵(不需要进行反选操作)。

方法 2:先使用"魔棒工具"选取背景,再进行反选操作。

下面使用第 1 种方法完成花朵的抠选。

步骤 1:选择"魔棒工具"。

步骤 2:确定是否在工具属性栏中勾选"连续"复选框。由于只需要选取中间的花朵,该花朵的颜色为粉色,其他粉色的花朵与该花朵不相连,所以需要勾选"连续"复选框。如果取消勾选"连续"复选框,其他粉色的花朵也会被选取。

步骤 3:选取颜色,容差使用默认值 32。在图像中,单击花朵对象中间部位的某一点,选取的区域如图 5.22 所示。

图 5.22 使用 32 容差值选取的区域范围

步骤 4:调整容差。可以发现选区范围过小,按"Ctrl+D"组合键取消选区,再对上一步的容差值进行调节,直到选区满意为止。图 5.23 所示是容差值为 80 和 200 的选区效果。容差值为 200 的选区过大,抠图不精确,所以建议设置容差值为 80 左右。对于中间没有选中的粉色区域,按住 Shift 键单击即可选中。

图 5.23 容差值为 80 和 200 的选区效果

步骤 5:配合"套索工具"进行选区编辑。由于中间的花蕊部分不是粉色,可以使用"套索工具"进行选区的增加操作,选择"套索工具",按住 Shift 键,框选花朵的中间部分,即可选取完整的花朵。

步骤 6:收缩一个像素,去除多余的背景杂色。执行"选择"→"修改"→"收缩"命令,在弹出的对话框中将收缩量设置为 1 像素。

步骤 7：复制选区（组合键 "Ctrl+J"），完成抠图。

2. 快速选择工具

适用范围：适用于图像和背景色色差明显，背景色单一，图像边界清晰的图像。其选取速度比 "魔棒工具" 快。

方法意图："快速选择工具" 是一种基于颜色的快速抠图工具。

方法缺陷：选区边缘可能会存在锯齿现象；对散乱的毛发没有用。

使用方法："快速选择工具" 常用来快速建立简单的选区，它利用可调整的圆形笔尖迅速地绘制出选区。当拖曳笔尖时，选区范围就会根据所选区域边缘的颜色向外扩张。

在 "快速选择工具" 属性栏中，可以设置笔尖的大小、硬度、间距、角度和圆度等。

实例 5.6：使用 "快速选择工具" 完成花朵素材的抠图。

使用 "快速选择工具" 抠图的方法与使用 "魔棒工具" 抠图类似，这里不再详细介绍，请大家仿照实例 5 自行完成，并进行速度和效果的比较。

> **小贴士**
>
> 调整笔尖的大小比较常用，可以使用 [和] 键进行调整。
>
> [键：缩小笔尖，选取范围大。
>
>] 键：放大笔尖，选取范围小。

学习链接

快速抠图

5.2 产品精确抠图

适用范围：图像边界复杂，不连续，加工精细度高。"钢笔工具" 适用于直线和曲线选区的绘制。

方法意图：精确抠图。

方法缺陷："钢笔工具" 的操作难度高于其他工具，抠图最花时间，需要耐心、细致和反复练习才能提高操作效率。

5.2.1 路径相关知识

在学习用 "钢笔工具" 抠图的方法之前，需要先了解路径的相关概念和快捷键。

1. 锚点

根据图像的外形特征，路径中包含三种锚点类型，如图 5.24 所示。在绘制路径时，通常需要组合使用三种锚点类型。

直线点：适用于抠选直线形边缘的对象。

平滑点：适用于抠选曲线形边缘的对象。

拐点：适用于抠选拐角边缘的对象。

直线点　　　　平滑点　　　　拐点

图 5.24　路径的三种锚点类型

三种类型的锚点的适用对象不同，主要原因如下：

直线点：直线锚点没有方向线和方向点。

平滑点：平滑锚点有两个方向线，方向线在一条直线上。调整一个方向线的锚点，另一个方向线也随之发生变化，始终保持直线。

拐点：拐点锚点有两个或一个方向线，方向线不在一条直线上。调整一个方向线的锚点，另一个方向线不会发生变化。

2. 路径的组成

路径由线段和锚点组成，在编辑路径时，可以选择某个或多个锚点进行操作。图 5.25 所示是直线形路径的组成部分。其中实心的锚点是被选中的锚点，空心的锚点是没有被选中的。

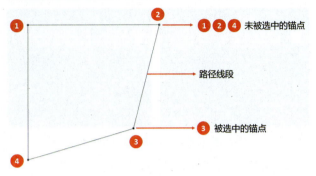

图 5.25　直线形路径的组成部分

图 5.26 所示是曲线形路径的组成部分。曲线路径由路径线段、锚点、方向线和方向点组成。

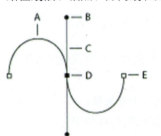

图 5.26　曲线形路径的组成部分

3. 绘制路径的快捷键

（1）"钢笔工具"快捷键：P。
（2）画出水平或垂直的路径：Shift。
（3）绘制路径时移动节点：Ctrl。
（4）绘制路径时转化节点类型：Alt。
（5）将路径转化为选区："Ctrl+Enter"。

4. 钢笔工具组

钢笔工具组中包含 5 种工具，如图 5.27 所示。

图 5.27　钢笔工具组

（1）"钢笔工具"：用于绘制路径。
（2）"自由钢笔工具"：用于自由地绘制路径（效果类似于"套索工具"，不太精确）。
（3）"添加锚点工具"：一般用于路径创建后进行锚点的增添。单击某个线段，即可在这个线段上创建一个锚点。
（4）"删除锚点工具"：一般用于路径创建后进行锚点的删除。单击某个锚点即可删除。
（5）"转换点工具"：一般用于路径创建后进行锚点类型的修改。锚点的三种类型可以进行随意转化。

5. 路径、线段和锚点的选择操作

路径绘制完成以后，一般需要对某几个锚点的位置或节点的类型进行修改，可以使用"路径选择工具"（黑箭头工具）选择整条路径，也可以使用"直接选择工具"（白箭头工具）选择某个锚点，进行位置的移动或者锚点类型的转化，如图 5.28 所示。

图 5.28　"路径选择工具"和"直接选择工具"

5.2.2　用"钢笔工具"对多边形对象抠图

前面介绍过的"多边形套索工具"也适用于直线型边缘的多边形对象的抠图，但是"多边形套索工具"存在一个缺陷，就是选取选区以后无法对某条边或某个节点进行细节修改。而"钢笔工具"在绘制路径之后，可以对路径的锚点和路径进行细节修改，可以很好地解决这个缺陷。

实例 5.7：用"钢笔工具"抠选卡通图形。

卡通图形素材如图 5.29 所示。

图 5.29　卡通图形素材

步骤如下：

步骤1：打开卡通图形素材。

步骤2：绘制路径。由于卡通图形的外形为直线形，所以直接使用直线点绘制路径即可。这一步所花时间较长，需要仔细对待。

（1）选择"钢笔工具"（快捷键P）。

（2）在属性栏中选择"路径"选项，如图5.30所示。

（3）确定一个起始点。起始点可以任意选择，一般从上到下、从左到右进行绘制。

（4）在线条转折处单击，即可完成一个直线点的绘制。

图5.30　选择"路径"选项

> **小贴士**
>
> （1）如果是垂直或水平的直线，可以在单击的同时按住Shift键。
>
> （2）如果对创建的锚点位置不满意，可以按住Ctrl键移动锚点的位置调整。
>
> （3）在绘制过程中可以放大和缩小视图，观察锚点的位置。
>
> （4）完成所有锚点的绘制，当鼠标指针变成句号形状的时候，闭合路径，绘制路径结束，如图5.31所示。

步骤3：修改路径。由于部分锚点位置和卡通图形不贴合，需要再次修改锚点位置。选择"直接选择工具"，选择需要调整的锚点（需要修改的锚点为实心的选中状态），移动锚点位置。建议在操作的同时放大视图，修改路径后效果如图5.32所示。

步骤4：保存路径。为了方便进一步修改路径，建议初学者保存路径，其他读者可以略过此步骤。

图5.31　绘制路径效果　　图5.32　修改路径后效果

在浮动面板中，选择"路径"面板，双击工作路径，在弹出的对话框中单击相关按钮即可完成路径的保存。"路径"面板保存前、后效果如图5.33所示。

图5.33　"路径"面板保存前、后效果

步骤5：将路径转换为选区。按"Ctrl+Enter"组合键即可将路径转化为选区，再将选区内容复制到新图层即可。

5.2.3　用"钢笔工具"对曲线对象抠图

"钢笔工具"不仅能绘制直线，还能灵活地绘制各种类型的曲线。

实例5.8：用"钢笔工具"抠选玩具。

玩具素材抠图前、后效果如图5.34所示。

图5.34　玩具素材抠图前、后效果

步骤如下：

步骤1：打开玩具素材文件。

步骤2：绘制路径。由于卡通图形的外形为曲线，所以每个点都需要利用鼠标拖曳的方式创建完成。这一步所花时间较长，需要仔细对待。

（1）选择"钢笔工具"（快捷键P）。

（2）在属性栏中选择"路径"选项，如图5.30所示。

（3）确定一个起始点。起始点可以任意选择，一般从上到下、从左到右进行绘制。本例中确定为玩具的顶部，读者可以根据自己的习惯，确定在对象的任意位置开始。

（4）创建第一个锚点。由于该点的类型为平滑点，所以需要利用鼠标拖曳的方式创建，确保拖曳出的方向线与该点的对象相切即可，如图5.35所示。拖曳的时候幅度要小些，方向线越短，弧度越小，反之弧度越大。如果不成功，可以按"Ctrl+Z"组合键返回，重新拖曳。

（5）利用同样的方法按顺序绘制出其他平滑点。玩具顶部其他锚点的绘制效果如图5.36所示。

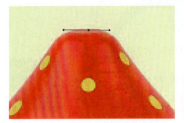
图5.35　第一个锚点和方向线效果

图5.36　玩具顶部其他锚点的绘制效果

小贴士

（1）绘制的每个锚点的方向线要与对象相切。

（2）如果对创建的锚点位置不满意，可以按住Ctrl键移动锚点的位置调整。

（3）如果对创建的弧度不满意，可以按住Ctrl键移动锚点方向线的位置调整。

（4）如果修改的锚点不是当前绘制的最后一个锚点，则需要再次单击最后一个锚点，才能继续绘制后续的路径。

（5）锚点绘制的原则是利用尽可能少的锚点绘制尽可能光滑的路径。

（6）在绘制过程中可以放大和缩小视图观察锚点的位置。

（6）绘制拐点。帽子和脸部交叉的位置属于拐点。如果使用平滑点绘制，会发现锚点和对象无法贴合。这里需要手动将锚点类型从平滑点修改为拐点，使用平滑点和拐点绘制的效果如图5.37所示。对于该玩具素材，所有部位的衔接位置都需要使用拐点。

图5.37　使用平滑点和拐点绘制的效果

小贴士

按住Alt键，单击帽子和脸部交叉位置的锚点，即可将之转化为拐点类型。

（7）完成所有锚点的绘制，当鼠标指针变成句号形状的时候，闭合路径，绘制路径结束，如图5.38所示。

步骤3：修改路径。玩具属于对称结构，绘制路径后发现，右边脸部路径中多了一个锚点，可以对该锚点进行删除。

（1）选择"直接选择工具"，可以发现选中的是所有锚点，在视图空白处单击取消选择所有锚点。

图5.38　玩具绘制路径效果

（2）选择需要调整的锚点。

（3）删除锚点。选择钢笔工具组里面的"删除锚点工具"，在选择的锚点上单击，即可删除该锚点，删除锚点后的效果如图5.39所示，可以发现脸部两端的两个锚点变成了直线点。

（4）修改锚点类型。利用"直接选择工具"选择脸部下方的锚点，在钢笔工具组里选择"转化点工具"，再次拖曳选择的锚点，可以发现出现了方向线，再单独调整上面的方向线，调整后的效果如图5.40所示。

图5.39　删除锚点后的效果　　图5.40　调整方向线后的效果

步骤4：保存路径。（为了方便进一步对路径修改，建议初学者保存路径，其他读者可以略过此步骤。）在浮动面板中，选择"路径"面板，双击工作路径，在弹出的对话框中单击相关按钮即可完成路径的保存。

步骤5：将路径转换为选区。按"Ctrl+Enter"组合键，即可将路径转化为选区，再将选区内容复制到新图层即可。

小贴士

抠图是设计师的一项必备技能，无论使用哪种抠图方法，只要能将需要的对象精确地抠取出来即可。

（1）抠图时要耐心与细心，不要希望一次性完成抠图。

（2）任何一种抠图方法都有其使用范围和特性，抠图时一定要先分析图像，然后选择最快速的抠图方法。

（3）可以将多种抠图工具结合使用，以达到事半功倍的效果。

5.2.4 用"钢笔工具"绘制图形

路径的常见功能总的来说有以下四种情况：

（1）实现抠图：将路径转换为选区之后，再将选区的内容复制到新图层就能完成抠图工作。

（2）绘制填充图形：将路径转化为选区之后，新建一个空白图层，对选区用前景色进行填充（组合键"Alt+Delete"），可以实现填充图形的绘制。

（3）绘制描边图形：用"钢笔工具"绘制好路径之后，不需要转换为选区，直接用画笔对路径进行描边。选区填充和路径描边效果如图 5.41 所示。

（4）用于制作路径文字：让文字沿着路径进行创建，会在后续章节中进行详细介绍。

实例 5.9：用"钢笔工具"绘制简笔画虚线路径。

简笔画虚线路径参考图如图 5.42 所示。

步骤如下：

步骤 1：打开简笔画参考图素材文件。

步骤 2：新建空白图层。

步骤 3：绘制路径。本例以一条简笔画虚线路径为例进行重点讲解。需要注意的是，每条路径最好单独进行绘制。虚线路径绘制效果如图 5.43 所示。

图 5.43 虚线路径绘制效果

步骤 4：设置画笔。

（1）选择"画笔工具"：在左侧工具栏中选择"画笔工具"（快捷键 B）。

（2）打开"画笔"面板：单击"画笔工具"属性栏中的"切换画笔面板"按钮（快捷键 F5）。

（3）设置画笔：

① 选择一个硬度为 100 的画笔。

② 设置画笔的大小：可以将鼠标指针放在视图中，与简笔画的虚线点大小进行比较，利用 [或] 键对画笔大小进行调整。

③ 设置画笔的间隔距离：将间隔距离加大，就可以变成虚线效果。

④ 在画笔笔尖形状中，取消所有复选框的勾选。

画笔样式设置前、后效果如图 5.44 所示。

图 5.41 选区填充和路径描边效果

图 5.42 简笔画虚线路径参考图

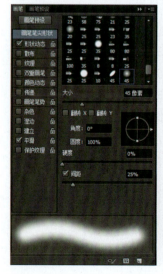
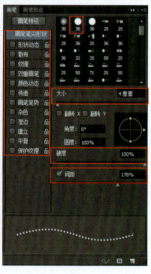

图 5.44 画笔样式设置前、后效果

（4）设置画笔颜色：将前景色设置为虚线的颜色，这里为黑色。

步骤5：关闭"画笔"面板。设置好画笔后，可以关闭"画笔"面板（快捷键F5）。

步骤6：画笔描边路径。

（1）选择新建的空白图层。

（2）选择路径。

（3）使用"画笔工具"描边路径：按Enter键即可完成对路径的描边。

（4）为了更好地观察效果，可以将虚线所在的图层移动到其他位置。画笔描边效果如图5.45所示。

图5.45　画笔描边效果

（5）如果对效果不满意，可以返回描边操作，重新设置画笔后再进行描边。

步骤7：绘制两头尖的描边效果。

（1）绘制两头尖描边效果的路径，如图5.46所示。

（2）设置画笔。

①选择一个硬度为100的画笔。

②设置画笔的大小：可以将鼠标指针放在视图中，与简笔画的线条粗细大小进行比较，利用[或]键对画笔大小进行调整。

③在"画笔笔尖形状"列表框中，勾选"形状动态"复选框。

④设置画笔颜色：设置前景色为蓝色。

（3）新建图层。

（4）画笔描边路径。选择"钢笔工具"，选择刚才绘制的路径，单击鼠标右键，选择"描边路径"命令，在"描边路径"对话框中勾选"模拟压力"复选框，在工具列表中选择"画笔"选项，如图5.47所示。单击"确定"按钮，即可完成两头尖效果的描边。移动图层位置，观察效果，如图5.48所示。

步骤8：完成其他描边效果的绘制。读者自行完成其他描边效果的绘制。

步骤9：保存文件。

图5.47　"描边路径"对话框

图5.48　两头尖描边效果

图5.46　绘制两头尖描边效果的路径

学习链接

精确抠图

5.3 透明产品抠图

透明产品的抠图与普通产品不同，透明产品的抠图如果不正确（图5.49），不仅影响产品和页面整体效果的美观性，也降低了产品的档次，从而影响销量。

图5.49 透明产品抠图不正确效果

在进行透明产品抠图之前，务必再次回顾通道的三种颜色的作用。从三种颜色的作用中可以看出，在进行透明产品抠图时，半透明部分在通道中要确保为灰色。

黑色：透明（显示下面图层的内容）。
白色：不透明（显示当前图层的内容）。
灰色：半透明（当前图层和下面图层相互融合）。

实例5.2：完成玻璃透明茶壶的抠图。

玻璃透明茶壶抠图前、后效果如图5.50所示。

图5.50 玻璃透明茶壶抠图前、后效果

操作步骤如下：

步骤1：打开玻璃透明茶壶素材。

步骤2：复制背景图层（组合键"Ctrl+J"）。

步骤3：为复制的图层进行去色（组合键"Shift+Ctrl+U"）。

步骤4：给去色的图层增加图层蒙版。

（1）复制去色图层的选区：按"Ctrl+A"组合键全选，然后按"Ctrl+C"组合键复制选区。

（2）为去色图层添加蒙版。

（3）将复制的内容粘贴到蒙版中：进入蒙版（按住Atl键单击蒙版），按"Ctrl+V"组合键粘贴选区。

图层和蒙版效果如图5.51所示。此时可以看到玻璃部分已经透明，因为玻璃部分的蒙版内容为去色后的灰色，但是玻璃产品没有完全去底。

图5.51 图层和蒙版效果

步骤5：编辑图层蒙版，对玻璃茶壶进行去底操作。

（1）用"钢笔工具"将需要的部分抠出（玻璃主体部分）。玻璃茶壶钢笔路径绘制效果如图5.52所示。

（2）闭合后按"Ctrl+Enter"组合键将路径转为选区，执行羽化命令（组合键"Shift+F6"），羽化一个像素左右。

（3）执行选区反向命令。执行"选择"→"反选"命令（组合键"Ctrl+Shift+I"）。

（4）选择图层蒙版，对蒙版中的选区部分填充黑色（组合键"Alt+Delete"），即对玻璃茶壶的背景部分进行透明处理，图层效果如图5.53所示，蒙版编辑效果如图5.54所示。

（5）刚才的抠图多出了手柄下面的背景部分，需要进行去除。再次利用"钢笔工具"进行抠图，玻璃茶壶手柄背景部分钢笔路径绘制效果如图5.55所示。

（6）闭合后按"Ctrl+Enter"组合键将路径转为选区，执行羽化命令（组合键"Shift+F6"），同样羽化一个像素左右。

（7）选择图层蒙版，对蒙版中的选区部分填充黑色（组合键"Alt+Delete"），即将玻璃茶壶背景多余部分进行透明处理，图层效果如图5.56所示，蒙版编辑效果如图5.57所示。

（8）将蒙版图层改名为"透明玻璃"，到此步骤，透明物体已被抠出。

步骤6：对玻璃茶壶的液体部分进行修改。这里介绍两种方法：

方法1：为了让茶壶效果更加逼真，可以保留玻璃茶壶的液体部分，对背景图层的玻璃液体部分利用"钢笔工具"进行抠图，并复制到新的图层中（放到玻璃图层的上方即可），关闭背景图层，将玻璃液体部分和透明玻璃部分进行编组，命名为"玻璃茶壶"。抠图效果和图层效果如图5.58所示。

方法2：可以对透明玻璃液体部分执行"色彩平衡"命令，对液体部分根据液体的实际颜色和环境色进行上色处理，对玻璃部分也可以根据环境色利用"色彩平衡"命令进行上色处理。这里建议使用方法2。

步骤7：为透明玻璃换一个背景素材。在透明玻璃图层的下方导入一张背景素材，观察抠图效果。如果觉得太透了，可再次复制透明玻璃图层，可以适当降低图层的不透明度，调整色阶，以达到要求。

图层效果和替换背景后的效果如图5.59所示。

拓展练习：完成玻璃容器抠图。

玻璃容器抠图练习素材如图5.60所示。

图5.52 玻璃茶壶钢笔路径绘制效果　　图5.53 图层效果　　图5.54 蒙版编辑效果

图5.55 玻璃茶壶手柄背景多余部分钢笔路径绘制效果　　图5.56 图层效果　　图5.57 蒙版编辑效果

图5.58 玻璃液体部分抠图效果和图层效果

> **小贴士**
>
> 纯白色透明产品不需要进行去色，有颜色的玻璃产品视情况可进行去色处理。

学习链接

透明产品抠图

图5.59 图层效果和替换背景后的效果　　图5.60 玻璃容器抠图练习素材

5.4 植物通道抠图

在设计作品中，通常会用到绿色植物素材，如图 5.61 所示。绿色植物素材可以让设计作品的细节更加丰富，也易于打造清新、优雅的风格和氛围，让用户在购物时更加有沉浸感。绿色植物如果使用"魔棒工具"抠图，背景无法抠干净；如果使用"钢笔工具"抠图，又比较费时，下面介绍利用通道对绿色植物进行快速抠图的方法。

实例 5.3：利用通道对树枝素材进行抠图。

树枝素材抠图前、后效果如图 5.62 所示。

操作步骤如下：

步骤 1：打开树枝素材。

步骤 2：选择一个树枝和背景对比最明显的通道进行复制。

（1）进入"通道"面板，分别单击红、绿、蓝三个通道，观察三个通道中树枝和背景的对比程度，选择树枝和背景对比最明显的通道，从图 5.63 中三个通道的效果可见，蓝色通道中树枝和背景的对比最明显。（抠图的目的是去除背景，背景在通道中偏白色，所以尽可能让树枝偏黑色，选择蓝色通道可以更接近抠图目标）。

（2）在"通道"面板中对蓝色通道进行复制。将蓝色通道直接拖曳到"创建新通道"按钮上即可。

步骤 3：对通道进行计算。

（1）执行"图像"→"计算"命令，让通道中树枝变得更暗。在"计算"对话框中，选择混合模式为"正片叠底"。计算后在"通道"面板中自动生成一个新的 Alpha 1 通道。正片叠底"计算"对话框如图 5.64 所示，正片叠底通道计算效果如图 5.65 所示，从图中可以看出，计算后树枝变暗，但是树枝边缘部分变得不够清晰。

（2）对经过计算的通道执行"图像"→"计算"命令，

图 5.61　绿色植物素材在设计作品中的应用

图 5.62　树枝素材抠图前、后效果　　　　　图 5.63　红、绿、蓝三个通道的效果

图 5.64　正片叠底"计算"对话框　　　　　图 5.65　正片叠底通道计算效果

让通道中树枝和背景边缘部分的对比度增强。在"计算"对话框中，选择混合模式为"叠加"。计算后在通道面板中自动生成一个 Alpha 2 通道。叠加"计算"对话框如图 5.66 所示，叠加通道计算效果如图 5.67 所示。从图中可以看出，计算后树枝和背景边缘部分的对比度增强了，树枝变得更暗了，但仍有杂质存在。

步骤 6：复制树枝图层。选择 RGB 复合通道，进入"图层"面板，选择树枝图层，按"Ctrl+J"组合键，将选区内容复制到新的图层。

步骤 7：完成抠图，保存文件。

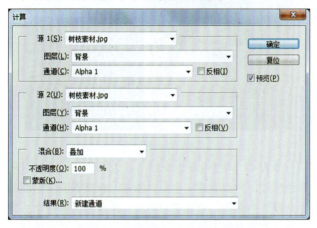

图 5.66　叠加"计算"对话框

图 5.68　Alpha 2 通道最终编辑效果

图 5.67　叠加通道计算效果

步骤 4：对通道进行再次修改，让树枝变得更暗，让树枝和背景边缘部分对比更加强烈。

（1）使用"色阶"命令对 Alpha 2 通道进行对比度调整。

（2）可以直接用画笔编辑通道，让树枝部分完全变黑。还可以用"减淡工具"和"加深工具"编辑通道。

Alpha 2 通道最终编辑效果如图 5.68 所示。

步骤 5：载入通道选区。选择 Alpha 2 通道，按住 Ctrl 键，单击 Alpha 2 通道的缩略图，载入通道中树枝的选区，由于选出来的是通道中白色的部分（背景部分），需要对选区进行反选（组合键"Ctrl+Shift+I"）。

5.5　毛发抠图

毛发抠图的常见方法除了前面介绍的通道抠图，还可以应用调整边缘工具进行快速抠图。下面介绍毛发抠图的具体操作。

实例 5.4：快速为长发模特换背景。

长发模特换背景前、后效果如图 5.69 所示。

图 5.69　模特和头发原图和效果图

操作步骤如下：

步骤 1：打开长发模特原图文件。

步骤 2：复制长发模特图层。

步骤 3：选取模特主体部分，模特主体部分选区效果如图 5.70 所示。（提示：可以使用套索工具、磁性套索工具或快速选择工具选取模特主体部分。Photoshop 高版

本还可以应用"选择|主体"菜单命令选取模特主体部分。）

图 5.70　模特主体部分选区效果

步骤 4：执行调整边缘命令。

（1）设置视图模式：为了更好地观察、调整边缘绘图效果，一般将调整边缘的视图模式设置为"叠加"。设置对话框如图 5.71 所示。

图 5.71　调整边缘视图模式设置

（2）涂抹毛发边缘：利用调整边缘画笔涂抹毛发边缘，涂抹时可以随时调整画笔大小。（提示：利用"[" "]"调整画笔大小，画笔大小能盖住毛发边缘区域即可。）

（3）调整边缘输出设置：在调整边缘对话框中勾选输出模块的"净化颜色"复选框，可以适当调整数量，在"输出到"选择"新建带有图层蒙版的图层"。涂抹毛发边缘和调整边缘输出设置效果如图 5.72 所示。

图 5.72　涂抹毛发边缘和调整边缘输出设置效果

步骤 5：制作背景。新建一个空白图层，填充一种颜色，如黄色，将图层命名为"新背景"，调整图层顺序。调整边缘抠图效果和图层效果如图 5.73 所示。

图 5.73　调整边缘抠图效果和图层效果

步骤 6：调整毛发边缘细节。边缘的部分毛发可能颜色较淡，可以新建一个空白图层，设置该图层的图层混合模式为叠加，创建剪切蒙版。用吸管工具吸取头发颜色，利用画笔工具在头发边缘较淡的部位进行涂抹，调整毛发边缘细节效果如图 5.74 所示。

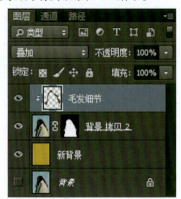

图 5.74　调整毛发边缘细节效果

步骤 7：完成抠图，保存文件。

拓展练习：完成长发模特抠图。

长发模特抠图练习素材如图 5.75 所示。

图 5.75　长发模特抠图练习素材

5.6 插图的绘制

实例 5.5：绘制四叶草插图。

根据提供的四叶草素材，绘制四叶草插图，如图 5.76 所示。

图 5.76　四叶草参考图与插图绘制效果

操作步骤如下：

步骤 1：新建 A4 大小文件，分辨率为 300 像素/英寸，背景色为白色。

步骤 2：新建一个图层，命名为"标准线稿"。

步骤 3：设置画笔。设置画笔为硬画笔，粗细为 6 像素，颜色为黑色，画笔设置如图 5.77 所示。

步骤 4：绘制标准线稿。

（1）绘制花瓣路径。利用"钢笔工具"绘制其中一个花瓣的路径。

（2）对花瓣路径进行描边。新建空白图层，选择"画笔工具"，按 Enter 键，即可对路径进行描边，按 Delete 键及时删除路径。

（3）绘制花瓣中间线条路径。

（4）对花瓣中间线条路径进行描边。新建空白图层，选择"画笔工具"，按 Enter 键，即可对路径进行描边，按 Delete 键及时删除路径。

（5）将花瓣和中间线条图层进行合并。选择这两个图层，按"Ctrl+E"组合键。

（6）复制花瓣图形，并进行旋转，制作其他花瓣，合并所有花瓣图层。

（7）绘制花茎，绘制的时候一定要注意线条的接口处，枝叶可以分别在两个图层绘制，再删除多余的线条。花茎和花瓣的细节如图 5.78 所示。

（8）将花瓣和花茎图层进行合并，命名为"标准线稿"。标准线稿绘制效果如图 5.79 所示。

步骤 5：上标准色。新建一个图层，放在"标准线稿"图层的下方，命名为"标准色"，定义前景色为浅绿色。

（1）利用"魔棒工具"选好选区，再将选区扩展 1 个像素后进行前景色填充（组合键"Alt+Delete"）。

（2）检查图形，对有漏填的地方，利用"画笔工具"填涂完整。

标准色上色效果如图 5.80 所示。

步骤 6：制作阴影。

（1）新建一个空白图层，放在"标准色"图层的上方，命名为"阴影色"。

（2）将"阴影色"图层的混合模式更改为"正片叠底"。

（3）在"阴影色"图层和"标准色"图层之间增加剪贴蒙版。

（4）设置前景色为灰色，利用画笔绘制阴影区域。

（5）可以先绘制阴影线，再用"魔棒工具"选取选区，扩展 1 个像素，然后填充前景色。

（6）所有阴影绘制好后的效果如图 5.81 所示。

步骤 7：创建色线。

（1）复制"标准线稿"图层。

（2）单击"图层"面板中的"锁定"按钮。

（3）设置前景色，比阴影色略深即可（一般在"拾色器"对话框中原阴影色的右下角方向选取即可），如图 5.82 所示，在黑色箭头位置选取颜色。

（4）利用"画笔工具"进行填涂，色线上色效果如图 5.83 所示。

（5）保存四叶草 PSD 源文件，并输出 JPEG 图片。

实例 5.6：绘制独木舟插图。

根据独木舟参考图（图 5.84），绘制独木舟插图，效果如图 5.85 所示。

操作过程如下：

步骤 1：打开素材图片。

步骤 2：新建 A4 大小文件，分辨率设置为 300 像素/英寸，背景色设置为白色。

步骤 3：设置画笔。颜色一般选择彩色，粗细可以在 10 像素左右。

步骤 4：绘制草稿。新建一个图层，命名为"草稿"，可以使用数位板进行绘制，或者在纸上绘制后，使用拍照或扫描的方法导入该文件。独木舟草稿效果如图 5.86 所示。

步骤 5：创建"标准线稿"图层。新建一个图层，命名为"标准线稿"，设置"草稿"图层的不透明度为 60% 左右，将"草稿"图层锁定。

步骤 6：设置画笔。设置画笔的粗细为 6 像素，硬画笔，颜色为黑色。

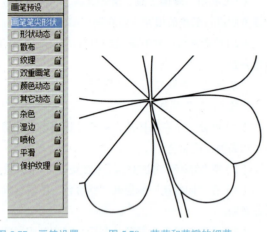

图 5.77 画笔设置　　图 5.78 花茎和花瓣的细节

步骤 7：绘制标准线稿。利用"钢笔工具"或者画笔进行绘制，注意线条的结构，特别注意船头的结构。图 5.87 所示为独木舟船头细节。

最后不要忘记制作独木舟的底部，如图 5.88 所示。可以将底部创建在新的图层，删除多余部分后，再合并图层。

绘制完成的独木舟标准线稿如图 5.89 所示。

步骤 8：上标准色。新建一个图层，放在"标准线稿"图层的下方，命名为"标准色"，根据提供的素材利用"吸管工具"吸取标准色，利用"魔棒工具"选好选区，再将选区扩展 1 个像素后进行填充。标准色上色效果如图 5.90 所示。

步骤 9：制作阴影色。

（1）新建一个空白图层，放在"标准色"图层的上方，命名为"阴影色"。

（2）将"阴影色"图层的混合模式更改为"正片叠底"。

（3）在"阴影色"图层和"标准色"图层之间增加剪贴蒙版。

（4）设置前景色为灰色，利用画笔绘制阴影区域。要特别注意木架下方的投影。所有阴影绘制完成的效果如图 5.91 所示。

步骤 10：保存独木舟 PSD 源文件，并输出 JPEG 图片。

图 5.79 标准线稿绘制效果　　图 5.80 标准色上色效果　　图 5.81 所有阴影绘制好后的效果

图 5.85 独木舟插图效果　　图 5.86 独木舟草稿效果

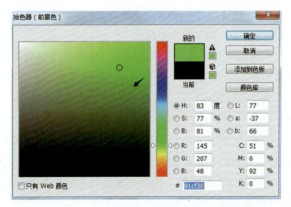

图 5.82 色线颜色选取方法

图 5.87 独木舟船头细节　　图 5.88 独木舟底部路径绘制

图 5.83 色线上色效果　　图 5.84 独木舟参考图

图 5.89 独木舟标准线稿　　图 5.90 标准色上色效果

第 5 章 图像抠图和绘图技术

图 5.91 所有阴影绘制完成的效果

拓展练习：绘制玫瑰花插图。

玫瑰花原图与插图效果如图 5.92 所示。

图 5.92 玫瑰花原图与插图效果

学习链接

插图的绘制

学/习/评/价/表

一级指标	二级指标	评价内容	评价方式		
			自评	互评	教师评价
职业能力（50%）	快速抠图（20%）	能对给定素材进行快速抠图			
	精确抠图（20%）	能对给定素材进行精确抠图			
	绘图（10%）	能根据参考图形完成图形临摹绘制			
作品效果（50%）	技术性（10%）	能合理选择抠图工具，对素材进行有效抠图			
	美观性（20%）	抠图素材边缘自然，无白边			
	规范性（10%）	抠图过程规范			
	创新性（10%）	绘制的图形具有一定的创新性			

本/章/习/题

一、理论题

（1）绘制圆形和矩形选框时，可以利用_____键和_____键绘制以某个点为中心点的正圆或正方形选区。

（2）取消选区的快捷键是_____。

（3）增加选区的快捷键是_____；减少选区的快捷键是_____。

（4）选取羽化的快捷键是_____。

（5）在绘制路径时，转化锚点类型的快捷键是_____。

（6）在绘制路径时，移动锚点位置的快捷键是_____。

（7）路径中包含_____、_____和_____三种类型的锚点。

二、操作题

（1）利用钢笔工具绘制图 5.93 所示的图形，并填充颜色，制作简单的背景色，配色合理。

图 5.93 图形绘制效果

（2）完成人物部分的抠图（图 5.94），要求头发完整，背景干净，提交 PNG 透明图片，或者给人物图片换一个背景。

（3）设计要求：参考图 5.95，制作一个简单的电商产品广告图。

文件要求：800*1 000，分辨率 72。

产品素材要求：产品素材可在电商平台的详情页中找，要求素材清晰，有一定的复杂度，个数不限。

文案要求：根据产品素材自行设计。

背景要求：可以根据产品颜色进行搭配，要求色彩搭配合理，突出产品和文案。

图 5.94 人物头发素材

图 5.95 电商产品广告效果图

第 6 章 图像合成技术

CHAPTER 6

内容概述

　　本章介绍了图层的分类、图层的基本操作、图层混合模式的分类、图像合成等，详细介绍了利用蒙版进行简单合成和精确合成的方法，以及利用图层混合模式进行多个图像合成的快捷方法。

学习目标

1. 掌握图层的基本操作；
2. 了解蒙版的操作原理，掌握蒙版的使用方法；
3. 了解图层混合模式的作用和适用范围；
4. 能对多个图像进行有效合成；
5. 培养创新精神，了解行业规范、增强职业道德。

本章重点

1. 蒙版的操作原理；
2. 使用蒙版进行图像合成的操作方法；
3. 常见图层混合模式的应用。

6.1 图层知识

6.1.1 图层定义

图层就像含有图像、文字或图形等元素的透明玻璃纸。透明玻璃纸一张张按顺序叠放在一起，透过上面玻璃纸的透明部位可以看见下面玻璃纸上的内容，上面玻璃纸上的内容会遮挡住下面玻璃纸上的内容。通过移动各层玻璃纸的相对位置或者添加更多的玻璃纸即可改变最后的图像效果。多个透明玻璃纸叠加起来形成的最终效果就是最后呈现的画面效果。

图层中可以加入图片、文本或图形等内容，通过图层可以对页面上的内容进行精确定位，编辑一个图层的时候，其他图层不会受到影响。

6.1.2 图层分类

在同一个 Photoshop 作品中可以包含多个图层类型。Photoshop 图层类型包括位图图层（普通图层）、智能对象图层、形状图层、文本图层和调整图层 5 种。

图 6.1 所示为"森林物语"海报，打开海报的源文件，观察"图层"面板（图 6.2）可以发现，该海报共由 9 个图层组成，分别有位图图层、智能对象图层、调整图层和文本图层。单独观察每一个图层发现，有 7 个图层的内容可见，2 个调整图层并没有图像。调整图层的作用是对下面的图层起到整体调色的作用。下面具体介绍每个图层类型的作用。

1. 位图图层

在 Photoshop 中，位图图层是最基本的图层，可以对位图进行的操作最多。其他类型的图层可以转化为位图图层（单击鼠标右键，在快捷菜单中选择"栅格化图层"命令，即可将文字图层、形状图层或者智能对象图层转换为位图图层），但不能将位图图层转化为可编辑的形状图层、文字图层等。位图图层被放大、缩小后会失真，可以用"画笔工具""橡皮擦工具""油漆桶"等工具直接作用于位图图层，但是这些操作是不可逆的，最好先新建图层，或者复制图层。所以，不建议直接操作位图图层，更多的是通过将其转换为智能对象图层来保护原始图层，再添加图层蒙版，然后进行操作。

2. 智能对象图层

智能对象图层，即有些"聪明"的图层，它最大的作用就是保护图层不受损坏。拖一张图片到 Photoshop 中，这个图片所在的图层默认为智能对象图层，也可以手动将其他类型的图层转化为智能对象图层（选中单个或多个图层后单击鼠标右键，在快捷菜单中选择"转换为智能对象"命令）。双击图层缩略图中的智能对象角标，会打开一个".psb"格式的文件，这就是智能对象的内部，可以是一张原始的图片，也可以是多个图层（这些图层就是在前面选中并转换为智能对象的图层）。说智能对象图层有些"聪明"，是因为对智能对象图层进行的操作，并不会影响其内部的图层。如果对位图图层进行缩小 50% 再放大 100% 的操作，图片会严重失真，不再是原始图片，但是将图片转换为智能对象后，再进行缩小 50% 和放大 100% 的操作，图片则不会失真。

3. 形状图层

形状图层的图层缩略图有个矩形角标：。

形状图层是矢量的，被放大或缩小都不会失真，且具有重复编辑的功能，常通过"钢笔工具"和"直接选择工具"进行绘制，可以对形状图层进行填充和描边设置，也可以对多个形状图层进行布尔运算

图 6.1 "森林物语"海报

图 6.2 "森林物语"海报图层

得到并集、差集、交集等效果。形状图层通常运用在图标设计中。

4. 文本图层

文本图层的图层缩略图有个"T"字。文本图层也属于矢量图层。文本图层可以是一个文字，也可以是一行或多行文字。双击文本图层的缩略图，可以选中该文本图层中的所有文字，可以对文字进行大小、字体、颜色、行距和字符间隔距离等属性的设置。

5. 调整图层

调整图层主要用于对图层进行色彩色调调整，调色功能与"图像"→"调整"菜单里的调色命令基本一致。调整图层的调整参数可以进行重复编辑，使用调整图层进行调色还可以对图像进行保护，不会损坏其他图层，也不需要进行图层备份。

6.1.3 "图层"面板

图层的基本操作主要通过"图层"面板（图6.3）来完成，下面详细介绍"图层"面板的功能和操作。

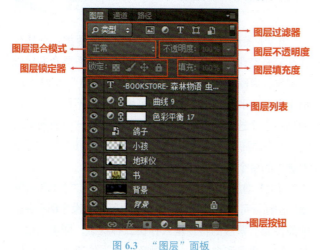

图6.3 "图层"面板

通过观察"图层"面板，可以发现"图层"面板主要由图层过滤器、图层混合模式、图层不透明度、图层填充度、图层锁定器、图层列表、图层按钮等几个部分组成。下面依次进行介绍。

1. 图层过滤器

图层过滤器会根据图层类型进行图层筛选。打开最右边的图层过滤器开关，就可以在图层过滤器中选择不同的图层类型，如位图图层（普通图层）、智能对象图层、形状图层、文本图层和调整图层等，图层列表中只显示筛选出的图层类型。当图层过多的时候，可以使用图层过滤器筛选出想要查看的图层，进行有针对性的编辑。

2. 图层混合模式

图层混合模式的默认状态为"正常"，即当前选中的图层和下面的图层不会相互影响。在图层混合模式中除"正常"模式之外还包含26种混合模式，通过图层混合模式的修改可以对当前图层实现调整颜色、明暗或抠图等效果。

3. 图层不透明度和图层填充度

图层不透明度和图层填充度的共同特点是可改变图层像素的透明程度。区别在于，不透明度的调节会改变图层像素包括图层样式的透明效果，填充度的调节只会改变图层像素的透明程度，不影响图层样式和描边效果。

可以对不透明度和填充度进行快速调整，有两种方法：一是将鼠标指针定位到参数文本框，然后通过鼠标滚轮精确调节参数；二是单击参数文本框后的下拉三角按钮，水平拖曳参数调整滑块粗略调节参数。0%为不可见，即完全透明；100%为可见，即完全不透明。

4. 图层按钮

（1）"图层链接"按钮。"图层链接"按钮可以对多个图层进行链接，让它们可以进行统一的移动和变换操作，但是现在图层链接的作用已经完全可以由图层编组来代替了，所以不推荐使用。

（2）"调整图层"按钮。"调整图层"按钮可以让对图像的光影、色彩的调节作用在新图层上，以便于修改和对比效果。相比"图像"菜单中的编辑命令，后者是针对当前图层作的调整，修改难度大。

（3）"添加图层样式"按钮。图层样式可谓图层的衣服，可以美化图层。借助图层样式，可以让图层实现很多逼真的效果。

（4）"添加图层蒙版"按钮。图层蒙版用来处理图层的部分区域的显示或隐藏。

（5）"创建新组"按钮。单击"创建新组"按钮可以快速生成一个空白组，默认组名为"组+数字"。此时可以用"选择工具"拖曳图层到组里。给图层编组后，可以对组内图层进行统一的编辑。其中就包括对图层进行统一的移动和变换。

（6）"创建新的图层"按钮。单击"创建新的图层"按钮，可以快速创建一个空白图层，图层名称默认为"图层+数字"。

（7）"删除图层"按钮。选中某个图层，单击"删除图层"按钮，就可以删除该图层（直接选中图层，按Delete键可以快速删除该图层）。

5. 图层列表相关操作

（1）选择图层。对于初学者来说最容易忽视的就是对图层的定位，在操作之前，一定要先选择需要操作的图层，再进行相关操作。

选择单个图层的方法如下：

方法1：直接单击图层列表中的某个图层。

方法2：选择"移动工具"之后，在属性栏中勾选"自动选择"复选框，选择类型为"图层"，单击工作区的某一个内容，如鸽子，就可以选中鸽子所在的图层。

选择多个图层的方法如下：

选择相连的多个图层：先选中一个图层，按住Shift键，再单击最后一个图层。

选择不相连的多个图层：先选中一个图层，按住Ctrl键，再单击其他图层。

（2）移动图层。选中图层之后，使用"移动工具"可以直接用鼠标进行拖曳。还可以直接按键盘上的方向键移动。

移动1 px：直接按方向键。

移动10 px：按住Shift键再按方向键，可以一次移动10 px。

（3）重命名图层。双击图层名称，可以对图层进行重命名。对图层进行重命名是一个管理图层的好习惯。如果双击图层名称以外的区域，就会快速打开"图层样式"对话框。

（4）显示和隐藏图层。图层列表是对图层进行管理和查看的区域。可以通过单击图层前面的眼睛图标来控制图层内容的显示和隐藏。

显示图层：显示眼睛图标，默认状态为显示图层。

隐藏图层：不显示眼睛图标（单击眼睛图标所在方框即可）。

单独显示某一图层：按住Alt键单击眼睛图表。再按住Alt键单击眼睛图标即可还原其他图层的显示状态。当然，最快捷的显示和隐藏图层的操作是长时间单击，在图层眼睛图标上垂直方向滑动。

（5）调整图层顺序。图层的最大优势是可以对图层进行单独编辑，还可以通过调整图层的上下顺序来改变图层的叠加效果。单击图层之后，可以通过拖曳改变图层的上下顺序。还可以通过组合键来操作：

上移一层："Ctrl+］"组合键

下移一层："Ctrl+［"组合键

置于顶层："Ctrl+Shift+］"组合键

置于底层："Ctrl+Shift+［"组合键

（6）对选中的图层进行编组。图层编组也可以不用先建立图层组再将图层拖曳到图层组中。可以先选中需要编组的图层，再进行编组。

编组：同时选中多个需要编组的图层，按"Ctrl+G"组合键。

取消编组：选中图层组，按"Ctrl+Shift+G"组合键。

小贴士

对图层整理也是一种设计，是对图层结构的一种思考，它不仅有利于清理设计完稿后的无用的设计元素和图层，还可以提高整个工作流程中协同修改的作用，提高团队协作能力，方便快速找到相关图层，让文件显色更专业。所以在实际设计工作中，建议将文件中的图层按照页面内容进行分组。比如在Banner设计中，常以不同的设计要素进行命名，如"背景""产品""文案""模特"和"点缀物"等。当然，命名的方式不一定局限于此，重点是培养整理图层的设计习惯，这既利于自己，也方便他人。

（7）图层合并和盖印。图层合并有两类：一是合并；二是盖印。合并指的是将多个选中的图层合并成一个图层，原图层丢失，过程不可逆（组合键"Ctrl+E"）。由于合并不利于修改，所以尽可能少用或不用。盖印指的是将多个选中的图层的拼合效果复制到一个新的图层上，原图层保留（组合键"Ctrl+Alt+Shift+E"），可以对选中的多个图层进行快速盖印。

（8）增加图层蒙版。选中图层，单击"添加图层蒙版"按钮就可以生成蒙版，在蒙版中所作的操作都不会影响原图层。蒙版的特性是只存在三种状态，即黑、白、灰。除了黑色和白色，其余颜色均被视作灰色。可以通过改变蒙版区域的颜色来改变图层区域的显示或隐藏。

黑色：表示隐藏当前图层的内容。

白色：表示显示当前图层的内容。

灰色：表示半透明，即当前图层和下方图层透明叠加显示。

在图层蒙版上单击鼠标右键可以删除图层蒙版，也可以按Shift键单击图层蒙版，暂时停用图层蒙版的效果。按Alt键单击图层蒙版，可以将图层的内容暂时显示为蒙版的内容，可以对蒙版的内容进行编辑。

（9）增加剪贴蒙版。剪贴蒙版是在当前图层下方的图层的显示范围内显示当前图层，产生让当前图层嵌入下方图层的效果。生成剪贴蒙版的快捷操作是：将鼠标定位在当前图层和下方图层之间，按住 Alt 键，此时鼠标的形态会发生改变，单击，即可生成剪贴蒙版。

另外，形成剪贴蒙版的图层和被剪贴蒙版的图层都可以单独编辑，互不影响，并且对相应图层进行重复操作就可以取消剪贴蒙版。

6. 图层锁定器

图层锁定器可以对图层和图层的部分内容进行操作保护。图层锁定有四种方式，分别是锁定透明像素、锁定图像像素、锁定位置和锁定全部。

（1）锁定透明像素。新建的普通空白图层（背景图层除外）都只有透明像素。通过导入图片和一些绘图工具才会给图层添加有色像素。透明像素在 Photoshop 中用黑白相间的格子表示，类似国际象棋的棋盘。透过图层的透明像素区域可以看见该图层下方的图层的内容。锁定透明像素是指被锁定的透明像素区域不可以使用画笔类工具（包括画笔、橡皮擦、图章工具等）编辑，只可以针对其非透明像素区域进行编辑。

（2）锁定图像像素。锁定图像像素指的是不能在被锁定的图层上使用画笔类工具。

（3）锁定位置。锁定位置指的是被锁定的图层不能被移动。

（4）锁定全部。锁定全部指的是被锁定图层不能进行任何编辑和移动操作，但可以被选中。背景图层在新建文档的时候即默认为锁定全部状态。

对于普通图层，单击相应的锁定按钮或者单击图层上的锁图标都可以解锁。但是，背景图层的锁定只能单击图层上的锁图标解锁。

6.2 图像简单合成

Photoshop 图像合成技能适用于商业人像设计、电商装修设计、海报设计、产品设计、影视设计、包装设计、概念设计和场景设计等，合成技能是进入所有设计行业的敲门砖。

掌握 Photoshop 图像合成技能除了要熟练使用 Photoshop 软件之外，还要对透视、光线、色感、场景融合等方面有较深刻的理解。

6.2.1 合成素材的选取

合成其实就是利用蒙版或图层混合模式对多个素材图层的自然拼合。为了让合成效果更加真实，素材的选择直接决定了合成的效果，如果素材选择不当，很难合成自然真实的画面。不是所有的图片素材都适合进行合成，合成素材要满足一些基本条件，如清晰度、透视角度、曝光度和纹理等要求。

1. 素材的清晰度

素材首先要保证的就是清晰度，清晰的素材经过后期的处理才会有更多灵活的空间。一张质量不高的图片素材，放大或缩小都会产生锯齿、变模糊，甚至影响最后整体图片的档次和效果。

透视的原理是"近大远小、近实远虚"，合理地运用透视原理，可以加强画面的空间感。在合成的时候，通常会对前景与背景进行模糊处理，从而突出中景。这种方法不仅可以聚焦画面，还能加强画面的空间感与冲击力，让画面更有层次。

在合成画面中，同一个焦点位置的素材的清晰度要尽可能保持一致，否则两个图层就很难进行自然的融合。在选择近景和中景素材的时候要尽量选择清晰度高的素材，这样后期处理空间会更大些。而在选择远景素材的时候，因为多数会被虚化处理，所以只要能融合自然，清晰度要求可以适当降低。

2. 素材的透视角度

日常观看物体时，眼睛与物体之间的平行线称为视平线，而在每个画面里只有一条视平线。另外受到透视的影响，物体的平行边线会慢慢相交于一点，这个点称为灭点，而灭点一定是在视平线上的。在做合成效果之前，素材选取一定要确保素材之间视平线位置统一，这样才能进行合理的融合。如果素材之间视平线位置不统一，那么就要调整素材的视角或者替换成视角统一的素材。

3. 素材的曝光度

学过摄影的人都知道，在拍摄照片时，首先要注意的就是曝光。当一张照片出现过曝或欠曝的时候，画面的亮部与暗部都会损失细节，在严重的情况下还会形成大片的纯黑或纯白。虽然有些过曝或欠曝可以在后期进行调整，但过于严重的过曝和欠曝是难以拯救的。所以，在选择合成素材时，最好选择曝光适中的，因为这样的素材细节保留较多，更利于后期合成处理。

4. 素材的纹理

在制作同类素材时，应尽量选择同类纹理或纹理相似的图片素材，不然会有非常明显的违和感，使画面不真实。

6.2.2 合成光影的塑造

在素材选取之后即可进行图像合成。为了完成多个素材图层的自然融合，需要对多个图层素材进行大小、透视、位置、光影塑造、抠图融合、图层衔接、效果叠加等各种细节处理。其中最难的就是光影塑造，如果觉得合成效果不真实，主要是因为没有塑造合理的光影。

光影对图像合成至关重要，它能让合成效果看起来更真实。如果画面中主体和背景光照不一致，合成效果就无法逼真。

光的塑造包含光源位置、高光位置及亮暗、阴影走向及虚实、环境光颜色等，光的塑造成功，画面中的素材元素就会统一和谐。光的塑造类似素描中的明暗关系，有美术功底的读者可能更易掌握。

在光的塑造中，环境光是容易被大多数人遗漏的部分，而缺少环境光的辅助，即便高光与阴影做得再完美，也会令画面看起来假。环境光的塑造在应用周边颜色的基础上也会相应添加物体颜色的补色。

在拍照时，通常情况下会使用三点布光法：一个正前方的主灯，用来为面部和服装打光，还有就是两个边灯，用来给人物添加漂亮的边缘/强调光。用两三盏灯，就能大大增加从背景中抠出干净利落的图像的概率，并使抠出来的人像能够融入绝大多数其他背景。至于背景，则颜色越浅越好。

在进行图像合成时，一定要确定主光源的方向，根据环境的颜色对素材图像进行色彩色调调整，制作图像的阴影，凸显质感，让合成画面看起来更真实。

图像的融合一般采用蒙版实现。

实例 6.1：更换天空。

步骤 1：打开第 6 章的桥和天空 1 素材，如图 6.4 和图 6.5 所示。

步骤 2：调整天空 1 素材的大小和位置。选择天空 1 素材图层，利用 "Ctrl+T" 组合键，调整该图层的大小和位置，要确保天空 1 素材能完全覆盖桥素材原有的天空部分，并确保和桥素材中的天空有重叠。为了能进行观察，可以适当降低天空 1 图层的图层不透明度，如图 6.6 所示。

步骤 3：制作合成效果。

（1）添加蒙版：选择天空 1 图层，单击"添加图层蒙版"按钮。

（2）设置画笔：选择"画笔工具"，设置前景色为黑色，画笔的硬度为 0%。

（3）编辑蒙版。

方法 1：用"画笔工具"编辑。用黑色软画笔在蒙版中对天空 1 图层不需要显示的地方进行涂抹，涂抹后的效果如图 6.7 所示。

图 6.4　桥素材

图 6.5　天空 1 素材

图 6.6　两个图层效果

图 6.7　编辑蒙版效果

方法 2：用"渐变工具"编辑，可以在桥素材和天空 1 素材衔接的位置绘制黑白渐变效果。可以多次绘制渐变，观察其合成效果。使用"渐变工具"合成会更自然，操作速度更快。

（4）统一色调。通过仔细观察，可以发现桥素材图像较暗。为了让画面自然，需要对天空 1 素材进行变暗处理。

在天空 1 图层上方，增加曲线调整层，将曲线往下调整。为了让曲线调整层只对天空 1 图层有效，需要将曲线调整层嵌入天空 1 图层里面。选择曲线调整层，将鼠标指针移到曲线调整层和天空 1 图层的中间部位，按住 ALT 键，待鼠标指针变为带箭头的符号后单击，即可完成嵌套效果，即剪贴蒙版效果，如图 6.8 所示。

（5）再一次对天空 1 素材的左上角和右上角进行压暗处理。用"套索工具"选取天空 1 素材的左上角和右上角区域。为了避免效果生硬，需要对选区进行适当羽化，再为选区增加曲线调整层，将曲线适当压低。由于该曲线调整层基于选区，所以不需要再次增加剪贴蒙版。天空 1 角落压暗部分选区和图层效果如图 6.9 所示。

步骤 4：完成合成效果（图 6.10），进行保存。

拓展练习：更换高山天空。

高山天空更换前、后效果如图 6.11 所示。

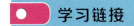 学习链接

图 6.8　曲线剪贴蒙版效果

图像简单合成

图 6.9　天空 1 角落压暗部分选区和图层效果

图 6.10　桥素材更换天空效果

图 6.11　高山天空更换前、后效果

6.3　图像合成之剪贴蒙版

对于初学者，面对多张图的排版设计，可能觉得无从下手，这时候可以参考一些好看的版式进行设计。可以在寻找到一个好看的版式之后，借助 Photoshop 软件中的剪贴蒙版完成图片排版操作。

在制作之前，需要提前做好两个准备工作：第一个是找到一张可以作为排版参考的图片，如图 6.12 所示；第二个是准备好需要进行排版的图片素材。

实例 6.2：根据参考图完成图片排版。

步骤如下：

步骤 1：新建文件。新建一个 A4 大小的空白文件。如果要打印的话，建议将分辨率设置为 300 像素 / 英寸；如果不需要打印，只在电脑上显示，将分辨率设置为 72 像素 / 英寸就可以（分辨率越小，文件就越小）。

步骤 2：打开参考图，调整位置和大小。打开准备好的人物图片排版参考图素材（图 6.13），选择"移动工具"，利用"Ctrl+T"组合键调整图片的大小和位置。

步骤 3：绘制图形。利用 Photoshop 自带的矩形、圆形、多边形和自定义形状等形状工具进行图形绘制，这里选择矩形形状工具绘制一个长方形，绘制以后利用"直接选择工具"选择右边的两个节点，按↑键，对两个节点进行向上移动。第一个形状图形就完成了。

然后利用 Alt 键和"移动工具"复制出第二个图形。用同样的方法复制出第三个和第四个图形，对第四个图形利用"Ctrl+T"组合键进行水平翻转。图形绘制效果和图层效果如图 6.14 所示。

步骤 4：导入人物图片素材（图 6.15），调整位置和大小。选择一张人物图片素材拖曳到文件中，调整图片的大小和位置（图片要比图形大一些）。如果要把人物图片放在第 2 个图形里面，务必将人物图片图层放到第 2 个图形图层的上方。

图 6.12　排版参考图片

图 6.13　人物图片排版参考图

图 6.14　图形绘制效果和图层效果　　　　　　　　　图 6.15　人物图片素材

步骤5：剪贴蒙版。把鼠标放在人物图片图层和第二个图形图层的中间位置，按住Alt键，待鼠标指针变为带箭头的符号时单击，人物图片即成功嵌入图形图层里面。可以再适当地调整一下人物图片图层的大小和位置。

用同样的方法完成其他人物图片在其他图形中的嵌套。图片排版已经基本完成。

步骤6：图像排版优化。如果想对图像进行进一步的优化，例如根据自己作品的格调，对所有排版图片的色彩进行统一，可以先对所有图片图层进行去色处理：

（1）对图层进行编组：选择刚才创建的图层，按"Ctrl+G"组合键进行编组。

（2）为组执行"色相/饱和度"命令：将饱和度降到最低。为了不影响其他图层的颜色，只对这一图层组产生效果。可以为"色相/饱和度"命令也增加剪贴蒙版，这样就完成了对所有人物图片的去色操作。

（3）对8个图层进行上色处理：在色相饱和度图层的上方增加一个空白图层，按"Alt+Delete"组合键填充色一个色调，比如黄色，并为该图层增加剪贴蒙版，修改图层混合模式为"颜色"，可以适当降低图层的不透明度。这样对所有人物图片进行的黄色处理就完成了。

小贴士

剪贴蒙版需要具备三个条件：
（1）至少需要两个图层；
（2）两个图层一定要相连；
（3）素材图层一定要在形状图层的上方。

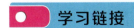

剪贴蒙版

步骤7：保存图片。关闭不需要的图层，保存图片为PNG透明格式，图片排版就完成了，可以自由地放到其他作品里面。图像排版效果和图层效果如图6.16所示。

图6.16 图像排版效果和图层效果

6.4 图像精确合成

图像精确合成，是指图像在合成时需要借助精确的选区来完成。

知识准备

渐变色是指由两个或多个颜色组成的色彩渐变效果，如图6.17所示。可以使用左侧工具栏中的"渐变工具"制作，也可以使用图层样式中的"渐变叠加"制作。为了方便修改，一般建议使用图层样式中的"渐变叠加"制作渐变色效果。在渐变栏中可以选择自带的渐变效果，也可以自定义渐变。

小贴士

渐变效果的位置可以进行移动。方法是"图层样式"对话框打开的情况下，选择渐变效果所在的图层，在画布中进行上、下、左、右移动即可。

图6.17 渐变效果

6.4.1 渐变的分类

（1）线性渐变。线性渐变是指两个或多个颜色沿着一条直线的渐变效果。顶部显示渐变条最左侧的颜色，底部显示渐变条最右侧的颜色，中间的颜色以渐变的方式进行填充。可以通过设置角度改变渐变的方向。线性渐变一般用于制作背景，也可用于制作金属物品，如图6.18所示的钢笔效果就是应用了线性渐变图层样式。

（2）径像渐变。径像渐变是一种由中心向外围扩散的渐变效果。圆心处是渐变条最左侧的颜色，外围是渐变条最右侧的颜色，中间的颜色以渐变的方式进行填充。如图6.19所示的两幅公益海报就是应用了径向渐变的图层样式，径向渐变的浅色部分可以有效凸出海报的主体部分。

（3）角度渐变。角度渐变是一种以顺时针或逆时针方式进行的旋转渐变效果。角度渐变的起点是渐变条最左侧的颜色，终点是渐变条最右侧的颜色。为了让衔接处的颜色更加自然，一般将最左侧和最右侧的颜色设置为相同的颜色。角度渐变一般用于制作金属类效果。金属开关效果和角度渐变设置如图6.20所示。

（4）对称渐变。对称渐变是一种中间向两侧对称渐变的效果。对称渐变的中间是渐变条最左侧的颜色，两侧是渐变条最右侧的颜色。如图6.21所示卡通海报的地

（5）菱形渐变。菱形渐变与径向渐变类似，也是一种由中心向外围扩散的渐变效果，仅仅是菱形的渐变效果。菱形渐变的圆心处是渐变条最左侧的颜色，外围是渐变条最右侧的颜色，中间的颜色以渐变的方式进行填充。

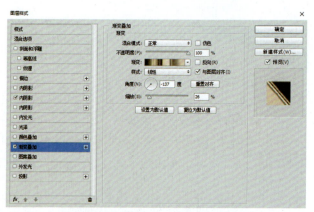

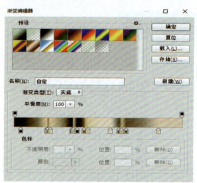

图6.18 钢笔效果和线性渐变设置效果

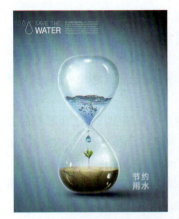

图 6.19　径向渐变效果公益海报

图 6.21　对称渐变效果

6.4.2　渐变叠加图层样式对话框中的其他功能

（1）模式：一般选择正常模式。

（2）仿色：在使用渐变叠加时，计算机上一般看不到条带现象，但在打印时可能会出现一条一条的条带现象，勾选"仿色"可以在渐变色彩中加入一些杂色，能有效避免条带现象的发生。

（3）不透明度：可以设置不透明度降低渐变叠加的效果，使渐变叠加效果与对象原有的颜色进行叠加。

（4）反向：勾选"反向"，可以改变渐变的顺序。例如，在线性渐变中，勾选"反向"，顶部将显示渐变条最右侧的颜色，底部将显示渐变条最左侧的颜色。

（5）缩放：用于设置渐变的范围。

（6）角度：用于设置渐变效果的角度。

实例 6.3：草莓灯泡合成。

根据参考图［图 6.22（a）］，完成草莓和灯泡素材的合成，效果如图 6.22（b）所示。

步骤 1：准备素材。找素材时，一定要找到透视角度一致的素材，如图 6.23 所示，草莓和灯泡素材的透视角度都为平视，基本一致。

步骤 2：对素材进行精确抠图。在 Photoshop 软件中，分别打开草莓和灯泡素材，利用"钢笔工具"进行精确抠图，抠图效果如图 6.24 所示。建议抠图完成后，在"路径"面板中保存路径，以方便后续进行路径修改。

步骤 3：新建文件。新建一个 A4 大小的空白文件，由于是练习作品，可以将分辨率设置为 72 像素/英寸。

步骤 4：创建渐变背景。新建一个空白图层，设置前景色和背景色分别为浅红色和深红色（初学者可以使用吸管工具从参考图中吸取），选择"径向渐变工具"，从文件中间位置往外拉出渐变效果，如图 6.25 所示。如

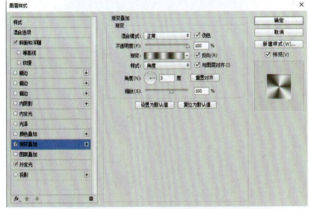
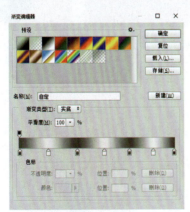

图 6.20　金属开关效果和角度渐变设置效果

果效果不理想,可以按"Ctrl+Z"组合键返回,再次进行创建即可。

步骤5:导入素材,调整位置和大小。

(1)分别导入刚才抠好的灯泡和草莓效果图,为了保护原图,建议导入之后马上转化为智能对象图层。

(2)调整灯泡和草莓的位置和大小,草莓图层在灯泡图层的上方。为了更好地观察两个图层的位置关系,可以适当降低草莓图层的不透明度。

(3)按"Ctrl+T"组合键,调整灯泡底座中间部分,使之略微拱起。

两个素材的位置关系如图6.26所示。

步骤6:灯泡和草莓合成。

(1)选择草莓图层,增加蒙版。

(2)设置画笔:选择前景色为黑色,设置画笔为硬画笔。

(3)建立选区:利用"钢笔工具"选择草莓需要隐藏的区域,要仔细绘制草莓和灯泡衔接的部位,如图6.27所示。按"Ctrl+Enter"组合键将路径转化为选区。

(4)编辑蒙版:选择蒙版,在蒙版中的选区中利用黑色画笔进行涂抹。合成效果如图6.28所示。

(a) (b)

图6.22 草莓灯泡合成参考图和效果图　　　　　图6.23 草莓灯泡合成素材
(a)参考图　(b)效果图

图6.24 灯泡和草莓精确抠图效果　　图6.25 海报背景渐变效果　图6.26 灯泡和草莓素材
　　　　　　　　　　　　　　　　　　　　　　　　　　　　　　　　　的位置关系

图6.27 草莓和灯泡精确选区效果　　　　　图6.28 草莓和灯泡精确合成效果

步骤7：统一色彩色调。从合成效果中可以发现，草莓的颜色和背景色不太统一，需要对草莓和灯泡进行色彩色调统一处理。色彩色调统一的效果如图6.29所示。

（1）对草莓的色彩进行调整：选择草莓图层，在草莓图层的上方增加"色相/饱和度"调整层，适当降低饱和度。在该调整层与草莓图层之间增加剪贴蒙版。

（2）对草莓的明暗进行调整：可以使用"曲线"命令为草莓进行整体提亮（需要使用剪贴蒙版）。

（3）将草莓的右边调暗：从参考图中可以看出，草莓的右半边比左半边暗，所以可以利用"套索工具"选取草莓素材的右半边，适当羽化，增加"曲线"调整层，压暗（需要使用剪贴蒙版）。

（4）对草莓的叶子颜色进行处理：可以适当将叶子的颜色调整得更鲜艳一些，让整体效果更通透。建议使用"可选颜色工具"进行调整。如果一次不够，可以调整两次（需要使用剪贴蒙版）。

（5）对灯泡的环境色进行调整：由于海报整体偏红色，而灯泡素材属于中性色，可以适当给灯泡增加环境色。建议使用"色彩平衡"命令，增加灯泡的红色（需要使用剪贴蒙版）。

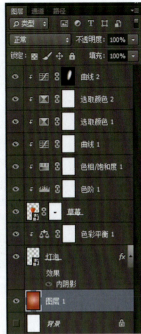

图6.29　草莓和灯泡色彩色调统一效果

步骤8：制作投影。在灯泡和草莓的下方创建投影。一般投影会使用两个图层进行创建，效果如图6.30所示。

（1）创建"高斯模糊"调整图层：利用"形状工具"创建椭圆，颜色任意，将椭圆图层转化为智能对象图层，为该图层增加"高斯模糊"滤镜，让边缘尽可能模糊。

（2）创建"动感模糊"调整图层：利用"形状工具"创建椭圆，颜色任意，将椭圆图层转化为智能对象图层，为该图层增加"动感模糊"滤镜，将角度设置为0°，让两边尽可能模糊。

（3）调整投影的大小和位置：将投影尽可能压扁，放在灯泡和草莓的下方。

（4）设置投影颜色：将2个投影图层进行编组，为组增加"颜色叠加"图层样式，将颜色设置为深红色（比背景色深）。

（5）整体降低投影组的图层不透明度。

步骤9：完成合成效果，保存文件。

拓展练习1：根据参考图完成花与字母的精确合成。

根据图6.31所示的效果，完成花和字母的精确合成（花素材与花瓶素材如图6.32所示，字母根据设计合理添加）。

图6.30　灯泡和草莓合成投影效果

小贴士

（1）绘制花瓶图形：参考花瓶外形，使用"钢笔工具"绘制花瓶轮廓（不必完全一致），填充为白色，再删除不需要的部分（建议使用蒙版进行隐藏）。

（2）创建字母选区：可以选择字母图层，按Ctrl键单击字母图层缩略图，即可创建字母选区。

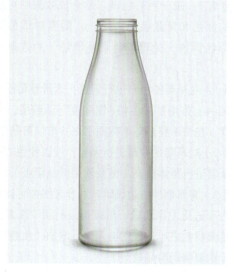

图 6.31　花与字母精确合成参考图

图 6.32　花素材与花瓶素材

拓展练习 2：环保海报制作。

步骤提示：制作背景（渐变、画笔工具）、制作灯泡、制作灯泡内部（精确合成）、灯泡调色、制作灯泡倒影、制作文字、整体色彩色调统一。环保海报参考图如图 6.33 所示。

图 6.33　环保海报参考图

学习链接

图像精确合成

6.5　图层混合模式合成

图层混合是通过一些算法将两个图层进行叠加，使照片呈现出新的效果，是实现调色效果、特殊效果的基础之一。在 Photoshop CC 版本中有 27 种图层混合模式，不同的搭配方式以及与其他工具的配合能创造出无数种可能。

6.5.1　图层混合模式类型

在"图层"面板中，打开"图层混合模式"下拉列表，可以看到共有 27 种图层混合模式，从上往下共分为五大类，分别为组合模式、变暗模式、变亮模式、对比模式、反相模式、颜色模式，如图 6.34 所示。

1. 组合模式

组合模式包括"正常"和"溶解"两种，在"正常"模式下没有计算公式，所以只有不透明度对整体效果产生影响。在"溶解"模式下结果色会产生一些点状喷雾式的颗粒，而随着不透明度的降低，颗粒会越来越分散。

2. 变暗模式

变暗模式主要是将上、下两个图层的某个点作比较，取较暗的点为最终效果。它分别包括"变暗""正片叠底""颜色加深""线性加深""深色"。下面将上面图层的点用 a 代替，将下面图层的点用 b 代替，将不同混合模式的计算结果用 c 代替。

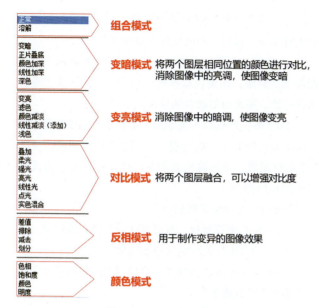

图 6.34 图层混合模式类型

变暗：在 a、b 中选择最暗的部分作为 c 显示出来，其特点是 c 中只有两个图层中暗的部分。在后期给照片调色时可以针对高光需要的颜色，往上叠一层该颜色。

正片叠底：完全将 a、b 中除白色以外的所有颜色都变暗，也就是所有颜色与黑色正片叠底就会变黑，与白色正片叠底就保持不变。在后期利用纯色与照片进行正片叠底可以中和色彩，消除高光。

颜色加深：保留白色，其他区域对比度增加从而变暗，与白色混合没有变化。在后期调整照片的作用就是保持高光，增强与暗部之间的对比度。

线性加深：是"正片叠底"和"颜色加深"的结合体，整体画面会更暗，色彩明度也会降低。

深色：保留 a、b 中最暗的那部分，但是与"变暗"相比它没有过渡，很容易出现色块。

3. 变亮模式

变亮：与"变暗"相反，取 a、b 中最亮的部分作为 c 显示出来。

滤色：正好与"正片叠底"相反，"正片叠底"是完全将 a、b 中除黑色以外的所有颜色都变亮，也就是所有颜色与白色滤色就会变白，与黑色滤色就保持不变。

颜色减淡：保留黑色，其他区域变亮，与黑色混合则没有变化。

线性减淡：效果与"线性加深"相反。

浅色：效果与"深色"相反。

4. 对比模式

对比模式主要就是将两个图层进行不同程度的混合。

叠加：根据基色图层的色彩自动决定是进行正片叠底还是滤色，有颜色的地方被改变，白色和黑色保持不变。

柔光：根据混合色的亮暗程度进行变亮和变暗处理，从而使色彩更加柔和，图片得到适度提亮，但是又不过亮。

强光：根据混合层的颜色选择正片叠底或者滤色处理，也就是混合层亮度低于 50% 灰就进行正片叠底，图像变暗；混合层亮度高于 50% 灰就进行滤色处理，图像变亮。与纯黑纯白混合就相应变成纯黑纯白。

亮光：根据混合层的颜色分布进行加深或减淡，也就是白的地方更白，黑的地方更黑。

线性光：根据混合色数值线性加深或线性减淡，加强图片明暗差，边缘硬化，增强图片细节。

点光：根据混合色的颜色数值替换相应的颜色，混合层亮度高于 50% 灰，亮部不变，暗部被取代；混合层亮度低于 50% 灰，亮部改变，暗部不变。

实色混合：将 a、b 层的 R、G、B 相加，而结果值 c 只能是 0 或 255，所以结果色可能为蓝、黄、青、红、绿、洋红、白、黑八种纯色。

5. 反相模式

差值：将 a、b 层中的 R、G、B 值分别进行比较，然后高数值减去低数值得到 c 层数值，黑色与任何颜色混合就不变，白色与任何颜色混合则得到反相色。

排除：类似"差值"，只是效果比"差值"较弱一些。

减去：基色数值减去混合色数值，如果出现负数就为 0，也就是两个值相同得到黑色，而白色与基色混合得到黑色，黑色与基色混合则得到基色。

划分：用基色分割混合色，基色大于等于混合色时为白色，小于混合色时结果色更暗。

6. 颜色模式

色相：只替换色相值，所以对黑、白不会造成影响，只对彩色进行上色，使用该模式时饱和度与亮度也保持不变。

饱和度：只替换饱和度数值，色相与亮度保持不变，只增加图片的鲜艳程度。

颜色：同时替换色相值与饱和度值，亮度保持不变，可以对黑、白进行上色。

明度：只替换亮度值，色相和饱和度保持不变。由于彩色照片的明度会受到色相的影响，所以在去色情况下统一明度效果更好。

6.5.2 变暗模式的应用

在多个图层进行合成时，可以用变暗模式快速去掉素材中的白底，免去费时费力的抠图操作。

下面以中国风背景制作为例，讲解变暗模式在去白底方面的应用。中国风的设计作品一般会运用墨点、水墨画、带肌理的底纹，还有与作品主题相关的设计元素，如以新年为主题的作品可以运用灯笼等元素，如图6.35所示。

实例6.4：古风背景的设计与制作。

运用图6.36所示的设计素材，完成古风背景的设计与制作，效果如图6.37所示。

步骤1：新建文件。新建一个A4大小的空白文件，文件方向为"纵向"，由于是练习作品，可以将分辨率设置为72像素/英寸。

步骤2：创建底纹背景。

（1）导入底纹素材。

（2）复制底纹素材：由于底纹素材较小，可以将底纹图层复制出另外两个，调整3个底纹图层的位置和大小，让3个底纹图层铺满整个屏幕。相连的底纹图层要有重叠部分，以利于后面制作合成效果。

（3）将3个底纹图层进行合成：给上面的两个底纹图层增加蒙版，用黑色软画笔进行涂抹，即可将生硬的边缘去除，实现自然融合的效果。

（4）降低底纹的不透明度：选择3个底纹图层，按"Ctrl+Alt+Shift+E"组合键，盖印3个底纹图层，关闭3个底纹图层，适当降低盖印图层的不透明度。合成效果如图6.38所示。

步骤3：处理梅花素材。

（1）导入梅花素材，直接转化成智能对象图层。

（2）调整梅花素材的大小和位置。

（3）修改图层混合模式：将梅花图层的图层混合模式调整为"正片叠底"。

步骤4：处理墨点1素材。

（1）导入墨点1素材，直接转化成智能对象图层。

（2）调整墨点1素材的大小和位置。

（3）修改墨点1图层的混合模式：将墨点1图层的图层混合模式调整为"正片叠底"。

图6.35 中国风设计作品参考图

图6.36 古风背景设计素材　　　　　　　　　　图6.37 古风背景设计效果

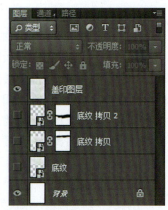

图6.38 底纹合成效果

步骤5：处理墨点2素材。为了增加墨点部分的层次感，可以再叠加一个墨点。

（1）导入墨点2素材，直接转化成智能对象图层。

（2）调整墨点2素材的大小和位置。

（3）修改墨点2图层的混合模式：将墨点2图层的图层混合模式调整为"正片叠底"。

（4）为了突出墨点1和墨点2的对比，可以将墨点1图层的不透明度适当降低。

步骤6：完成背景制作，保存文件。

6.5.3 变亮模式的应用

在对多个图层进行合成时，可以用变亮模式快速去掉素材中的黑底。

对某一个图层进行复制以后，对上面的图层运用变亮模式，可以让图像变亮，与运用"色阶"或"曲线"命令提亮效果类似。运用变亮模式还可以制作出光效。图6.39所示为汽车远光灯效果和蜡烛火焰效果。

实例6.5：为客厅效果图增加射灯效果。

为客厅效果图增加射灯效果，客厅效果图原图和射灯素材如图6.40所示。完成效果如图6.41所示。

步骤1：打开素材。打开客厅效果图原图。

步骤2：打开射灯素材文件。单独打开射灯素材文件，利用"矩形工具"选择一个合适的射灯，利用"移动工具"将射灯选区移动到客厅效果图文件中。

步骤3：调整射灯素材的位置和大小。将射灯素材图层转化为智能对象图层，调整射灯素材的位置和大小。

步骤4：修改射灯图层的图层混合模式。将射灯图层的图层混合模式调整为"滤色"，即可成功去掉素材中的黑底。为了加强射灯效果，可以再复制该射灯图层，适当降低图层的不透明度。

步骤5：创建其他地方的射灯。直接复制射灯图层，移动到相应的位置，修改透视角度即可。

步骤6：完成背景制作，保存文件。

拓展练习：白露节气海报制作。

步骤提示：找水墨山水素材、西湖素材、仙鹤素

图6.39 汽车远光灯效果和蜡烛火焰效果

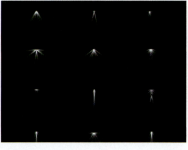

图6.40 客厅效果图原图和射灯素材　　　　　　　　　　图6.41 客厅效果图增加射灯效果

材、纸张纹理等素材进行背景合成处理。白露节气海报参考图如图 6.42 所示。

图 6.42　白露节气海报参考图

6.6　房地产海报设计

要求：完成房地产海报设计。客户提供的素材为底纹素材、建筑素材和门环素材，如图 6.43 所示。

文案："东方江南里""美得不像话，美得像画""市中心绝版低密中式别墅"。

设计分析：海报设计又称招贴设计，属于户外平面广告宣传的一种形式，它以大面积的版式传达信息，具有强烈的视觉效果，是信息传递的最古老的形式之一。海报设计在房地产行业应用相当广泛，属于商业海报范畴。房地产海报以精美图片为主，辅以标题文字，根据商品定位，营造古典、奢华或中国风的氛围，向大众传递商品信息。

设计步骤如下：

步骤 1：新建画板，预设为国际标准纸张 A4 大小，分辨率为 300 像素 / 英寸，如图 6.44 所示。

步骤 2：制作底纹效果。

（1）置入底纹素材 1：执行"文件"→"置入"命令，将提供的底纹素材 1 置入画板，调整大小。

（2）置入底纹素材 2：执行"文件"→"置入"命令，将提供的底纹素材 2 置入画板，调整大小，放在画板的右上角。将图层混合模式调整为"强光"，将不透明度调整为 50%，效果如图 6.45 所示。

步骤 3：制作建筑效果。

（1）置入建筑素材 1：执行"文件"→"置入"命令，

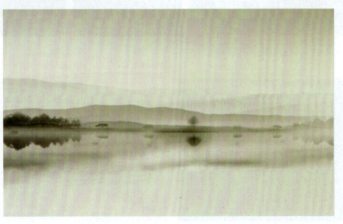

图 6.43　设计素材

第 6 章 图像合成技术

图 6.44 新建画板

图 6.45 底纹效果

将提供的建筑素材 1 置入画板，调整大小，放在画板下部，效果如图 6.46 所示。

（2）置入建筑素材 2：执行"文件"→"置入"命令，将提供的建筑素材 2 置入画板，调整大小，放在画板下部，叠加在建筑素材 1 上面。在"建筑素材 2"图层上添加图层蒙版，选择软化笔，使用黑色制作山雾缭绕的虚实效果，如图 6.47 所示。

（3）置入建筑素材 3：执行"文件"→"置入"命令，将提供的建筑素材 3 置入画板，使用"魔棒工具"去底，调整大小，放在画板中部，效果如图 6.48 所示。

步骤 4：制作门环效果。

（1）置入门环素材 1：执行"文件"→"置入"命令，将提供的门环素材 1 置入画板，使用"魔棒工具"去底，调整大小，放在画板中部，效果如图 6.49 所示。

（2）置入门环素材 2：执行"文件"→"置入"命令，将提供的门环素材 2 置入画板，使用"魔棒工具"去底，调整大小，放在画板中部，叠加在门环素材 2 上面，效果如图 6.50 所示。

步骤 5：制作主标题文案。

（1）输入繁体文案"东方"：在工具栏中单击"文本工具"按钮，在字库中选择"方正大标宋繁体"，输入"东方"，字符大小设置为 228 点，颜色填充为黑色（#000000），不透明度调整为 22%，效果如图 6.51 所示。

（2）输入简体文案"东方"：在工具栏中单击"文本工具"按钮，在字库中选择"方正大标宋简体"，输入"东方"，字符大小设置为 25 点，颜色填充为红色（#ff0101）；利用"矩形工具"绘制一个矩形，略大于简体文案"东方"，效果如图 6.52 所示。

（3）输入文案"江南里"：在工具栏中单击"文本工具"按钮，在字库中选择"方正大标宋简体"，输入

图 6.46 建筑素材 1 效果

图 6.47 建筑素材 2 效果

095

"江南里"，字符大小设置为72点，颜色填充为褐色（#3c1300），效果如图6.53所示。

步骤6：制作副标题文案。在工具栏中单击"文本工具"按钮，在字库中选择"方正大标宋简体"，输入"美得不像话，美得像画""市中心绝版低密中式别墅"，字符大小设置为18点，颜色填充为黑色（#000000），填充度设置为80%，两行文字上下排版，中心对称，效果如图6.54所示。

图6.48　建筑素材3效果

图6.49　门环素材1效果

图6.50　门环素材2效果

图6.51　繁体文案"东方"效果

图6.52　简体文案"东方"效果

图6.53　文案"江南里"效果　　图6.54　副标题文案效果

　学习链接

图层混合模式

学习评价表

一级指标	二级指标	评价内容	评价方式		
			自评	互评	教师评价
职业能力（50%）	图像合成（30%）	能使用蒙版对多张给定的素材完成图像合成			
	图像融合（20%）	能使用图层混合模式对多张给定的素材完成图像合成			
作品效果（50%）	技术性（10%）	能熟练使用蒙版或图层混合模式对多张素材进行有效合成，并具有一定的复杂度和难度			
	美观性（30%）	图像合成效果美观，主题突出，层次明显，无明显修图痕迹，色彩统一、光影统一			
	规范性（5%）	合成操作规范，图层分组规范			
	创新性（5%）	图像合成效果具有一定的创新性			

本章习题

一、填空题

（1）图层类型包括_____、_____、_____、_____、_____。

（2）图层不透明度和填充度两者之间，_____对描边效果和图层样式无效。

（3）配合_____快捷键，单击某一个图层的眼睛图标，可以只显示该图层，关闭其他图层。

（4）多个图层的编组使用_____快捷键。

（5）盖印多个图层和合并多个图层的区别在于_____。

（6）在图层蒙版中，白色代表_____，黑色代表_____。

（7）剪贴蒙版的条件是_____。

（8）一般使用_____图层混合模式，可以快速去掉黑底。

二、判断题

蒙版的编辑，可以直接使用画笔，也可以建立选区后利用填充命令填充。（　　）

三、操作题

（1）使用图 6.55 中的小女孩人物素材制作艺术相框效果，参考效果如图 6.56 所示，图中人物素材可以替换。

（提示：利用蒙版、图层样式、通道、彩色半调滤镜等功能完成艺术相框的制作。）

（2）利用玻璃瓶和紫色衣服人物素材，如图 6.57 和图 6.58 所示，制作创意玻璃瓶合成效果，合成效果如图 6.59 所示。

（提示：利用图层混合模式、图层样式等方法制作创意玻璃瓶效果，要注意明暗的统一。）

图 6.55 小女孩人物素材

图 6.56 艺术相框效果图

图 6.57 玻璃瓶素材

图 6.58 紫色衣服人物素材

图 6.59 创意玻璃瓶合成效果

第3篇
THIRD ARTICLES

图文制作篇

第 7 章 UI 图标绘制

CHAPTER 7

内容概述

本章介绍了图标的相关基础知识,如图标分类、图标设计原则等,以实际案例为基础,介绍了多个类型的扁平图标和立体图标的绘制方法。读者通过学习扁平图标的绘制方法可以掌握 Photoshop 软件中形状图形的交集、并集和差集运算方法;通过学习立体图标的绘制方法可以掌握常见图层样式的设置方法。

学习目标

1. 掌握形状的创建、编辑以及形状工具的运算;
2. 掌握图层样式的创建和编辑;
3. 掌握扁平化图标和立体化图标的常用绘制方法;
4. 了解图标的作用、分类、设计原则等。
5. 培养 UI 设计行业图标制作规范意识及创新意识。

本章重点

1. 图形的运算方法;
2. 扁平图标的绘制方法;
3. 图层样式的参数设置;
4. 立体图标的绘制方法。

7.1 UI图标知识

图标是界面设计中最重要的视觉元素之一，是个性化的图形信息，是应用产品内涵最直接的表达。它具有独特的视觉化风格，能让信息的表现方式更加形象化。随着智能手机和平板设备的普及（这类电子设备的主界面中几乎全部是图标），图标设计变得尤为重要。图标可以帮助用户快速识别并进入相应的应用；图标还可以强化品牌形象，让用户深刻地记住并识别。本章以扁平图标和立体图标的制作为例，讲解图标的设计方法和制作技巧。

7.1.1 图标分类

关于图标，存在着多种不同的分类方法。根据设计风格，图标可分为立体图标和扁平图标。

1. 立体图标

立体图标模仿现实物体的质地、纹理以给人一种真实的感受。立体图标主要从视觉特征方面来模拟现实物体，通过渐变、高光、纹理、投影等来表现图标的材质和光感，图形比较写实，制作的时候难度系数较大。早期使用立体图标，是因为大量的用户对智能手机上的虚拟功能不熟悉，而这种立体化风格的图标可以减少用户对智能手机的排斥和不习惯。

立体图标被广泛地运用在不同领域，尤其是游戏设计和游戏类产品的图标设计中。

2. 扁平图标

扁平图标和立体图标正好相对，忽略物体的真实性表达，去掉了渐变、高光、纹理和投影等具象特征，减少视觉干扰，以更加简洁的图形传递信息，为用户提供一目了然的视觉内容。随着智能手机的广泛使用和普及，用户对智能手机的功能和交互方式变得熟悉和习惯，立体化设计对用户理解系统功能和操作的帮助作用逐渐减弱。因此，一种去除立体化、化繁为简的扁平风格图标便应运而生。苹果公司于2013年发布的iOS 7系统，使手机界面的图标风格从之前的立体风格演变为扁平风格。自此，扁平图标得到了广泛的运用。

两种图标的特点对比见表7.1和图7.1。

表 7.1　两种图标特点对比

维度	立体图标	扁平图标
视觉特征	具有立体感，使用高光、纹理和阴影等来模拟真实的效果	去除多余的视觉装饰效果，如阴影、透视、纹理和渐变等，色彩鲜明
识别性	强	弱，不利于新用户
界面适应性	适应性较差，图像较大，加载慢，制作成本较高	适应性较好，图像较小，加载快，制作成本较低
系统	iOS 7 以前	iOS 7 以后

图 7.1　立体图标和扁平图标对比

7.1.2 图标的设计原则

优秀的图标设计在视觉风格上各不相同，但也存在一些相同点，即遵循可识别性原则、统一性原则、差异性原则、原创性原则。

1. 可识别性原则

可识别性原则，意味着图标要能准确表达相应操作，即能让人看到就明白图标所代表的含义。但有些设计师在图标设计的过程中经常会忽略图标本身的功能指代，最终导致图标难以被识别。这样的图标视觉效果再好也无济于事。图标是功能的呈现，如果用户无法通过图标理解图标指代的操作，那就失去了图标本身的价值。因此，可识别性原则是图标设计的第一原则。

2. 统一性原则

在人机交互界面中，所有的设计元素要组成一个整体，统一的设计风格对用户体验十分重要。一致的操作行为和视觉上的统一能够降低用户的认知负担，吸引并留住更多用户。如果一套图标的视觉设计非常协调统一，那么这套图标具有自己的风格，这样的图标看上去更美丽、更专业，同时会提高用户的满意度。因此，统一的图标视觉风格可以使手机界面布局整齐合理，降低用户的交互操作难度，增强易用性。将图标视觉统一的方法很多，如色彩统一、风格统一、视觉尺寸统一、透视关系统一等。

3. 差异性原则

差异性原则是指同一界面中的图标应在图形轮廓、图形指代方面存在明显差异，避免干扰用户选择。通俗地说，就是如果一个界面上有几个图标，用户一眼看上去，要能在第一时间感觉到它们之间的差异，否则就无法辨认。这是图标设计中很重要的一条原则，但也是在设计中最容易被忽略的一条原则。图标和文字相比，它的优越性在于它更直观，如果图标设计失去了这一特点，就失去了意义。

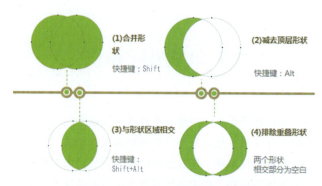

图7.2　形状图形的四种运算方法

> **小贴士**
>
> 图标设计过程中除了遵循上述三条重要原则，还要避免以下两点：
>
> （1）避免使用照片：尽量避免直接使用照片作为图标。因为照片缩小后会丧失很多细节，导致图标不能被识别。另外图标缩小后图片质量会受到影响，从而影响图标的品质。
>
> （2）避免使用大量文字：有些图标为了传达产品信息而大量使用文字，这种设计手法简单粗暴，但效果很差。大量使用文字的后果主要有两点：一是由于文字太多所以只能在有限的空间内将文字缩小展示，导致图标看起来拥挤，用户很难看清楚信息；二是降低美感，会使用户反感。

在讲解图形的四种运算方法之前，首先了解一下形状的操作。

（1）形状工具：包括"矩形工具""圆角矩形工具""椭圆工具""多边形工具""直线工具"和"自定形状工具"，如图7.3所示。

图7.3　形状工具

（2）形状属性：形状属性是指形状的填充颜色、轮廓描边颜色、轮廓描边粗细、线条形状、形状大小等属性。设置形状属性之前务必先用"直接选择工具"选中形状。

下面讲解形状图形的四种运算方法。以下四种运算方法，重点讲解合并形状和减去顶层形状两种，其他运算可参考这两种运算的操作过程进行。

1. 合并形状

方法一：

步骤1：新建文件。由于是练习文件，长、宽自行设定即可，分辨率采用默认72像素/英寸。

步骤2：绘制两个形状图形。

（1）用形状工具任意绘制两个圆形。

（2）用"移动工具"选择其中的一个圆形，将两个圆形按图7.4所示位置排列。

步骤3：合并图层。按住Shift键依次选择两个形状图层，按"Ctrl+E"组合键进行合并，合并前、后的形状图层如图7.5和图7.6所示，合并后的效果如图7.7所示。

到这一步两个形状图形已经合并在一个图层，但两个图形仍然是独立的，并未真正合并，仍可以利用"直接选择工具"选择其中的一个图形进行各种操作，比如移动路径、移动节点，甚至对齐、缩放等操作。

步骤4：合并形状。

（1）选择两个圆形：用"直接选择工具"框选两个

7.2　UI扁平图标绘制

7.2.1　图形运算

图形运算是指在Photoshop中对绘制的多个矢量图形进行增加、删减、交叉等运算，通过这种运算，可以制作出图标设计中所需要的图形。运算的方法如图7.2所示。下面对这四种运算方法进行介绍。

圆形，或者先选择其中一个圆形，再按住 Shift 键选择另外一个圆形，选择后的效果如图 7.8 所示。

（2）合并形状：在"直接选择工具"属性栏中选择"合并形状"命令，如图 7.9 所示。

（3）合并形状组件：在"直接选择工具"属性栏中选择"合并形状组件"命令，如图 7.10 所示，两个圆形真正合并为一个形状图形。合并后效果如图 7.11 所示。

图 7.4　排列两个圆形

图 7.5　合并前的两个形状图层

图 7.6　合并后的形状图层

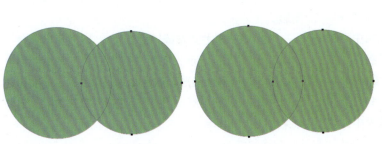

图 7.7　合并图层后的两个图形　　　图 7.8　选中两个圆形　　　图 7.9　合并形状

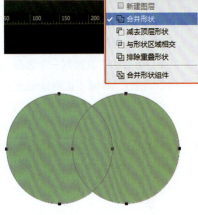

图 7.10　合并形状组件

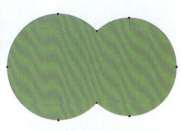

图 7.11　图形合并后的效果

方法二：

步骤 1：新建文件。由于是练习文件，长、宽自行设定，分辨率采用默认的 72 像素/英寸。

步骤 2：绘制两个形状图形。

（1）用形状工具任意绘制一个圆形。

（2）按住 Shift 键（这时鼠标光标形状会变为"+"形），绘制另外一个圆形，如图 7.12 所示。从图中可看出，此时两个圆形已经作了合并形状的运算，合并在了一个图层。

步骤 3：调整两个圆形的位置。

（1）选择形状图形：用"直接选择工具"框选两个圆形。

（2）对齐图形：在属性栏中选择"路径对齐方式"→"垂直居中"命令，如图 7.13 所示。对齐后的图形如图 7.14 所示。

步骤 4：合并形状组件。过程同方法一，不再赘述。

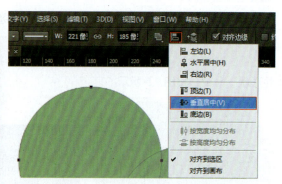

图 7.12　绘制的两个圆形形状　　　　　　　　　图 7.13　选择对齐方式

合并形状组件后无法再进行图形位置调整,所以对齐、移动等操作一定要在合并形状组件之前进行。

2. 减去顶层形状

步骤 1:新建文件。由于是练习文件,长、宽自行设定即可,分辨率采用默认的 72 像素 / 英寸。

步骤 2:绘制两个形状图形。

(1)用形状工具绘制一个圆形。

(2)按住 Alt 键(这时鼠标光标形状会变为"一"形),绘制另外一个圆形,如图 7.15 所示。从图中可以看出,后面绘制的圆形和前面绘制好的圆形已经作了减去顶层形状的运算,两个圆形已经合并在一个图层。

步骤 3:调整两个圆形的位置及大小。两个圆形的位置可以用对齐操作,也可以直接移动并调整大小,这里作移动和调整大小操作。

(1)选择形状图形:用"直接选择工具"选择图 7.16 中右边的圆形。

(2)移动并调整图形大小:按"Ctrl+T"组合键,调整圆形大小并移动位置,如图 7.17 所示。

步骤 4:合并形状组件。

(1)选择形状图形:用"直接选择工具"框选两个图形。

(2)在属性栏里选择"路径"→"合并形状组件"命令,如图 7.18 所示。此时"合并形状"命令前面有"√",表示两个图形已经合并为一个图形,不要将之改为"减去顶层形状",否则无法得到最终效果。最终效果如图 7.19 所示。

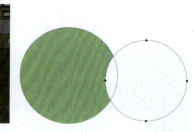

图 7.14　对齐后的图形　　　　图 7.15　按住 Alt 键绘制的两个圆形形状　　　　图 7.16　选择右边圆形

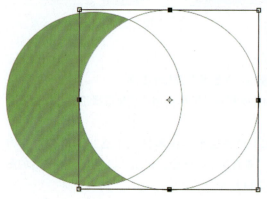
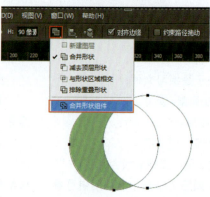

图 7.17　调整图形　　　　　　图 7.18　合并形状组件　　　　图 7.19　减去顶层形状运算后的效果

小贴士

（1）每次绘制形状时，默认为新建一个形状图层，而不是加在原来的形状图层里。

（2）在进行形状运算之前务必确保图形已经合并在一个形状图层中，否则无法进行运算。

（3）四种运算最后都要确保合并形状组件。

7.2.2 "提醒"扁平图标的绘制

绘制要求：按照图 7.20 所示效果，完成"提醒"扁平图标的绘制。

规范要求：

文件规范：512 像素 ×512 像素，72 像素 / 英寸。

尺寸规范：400 像素 ×400 像素 ×100 像素（圆角占 1/4）。

图层规范：分层。

图形规范：不描边。

格式规范：PNG 格式和 PSD 格式。

操作分析：该图标的图形较为简单，利用已经学习的知识完全可以绘制，但是通过这个简单的例子要学习图标绘制的一些规范和方法，而不是简单的图形绘制。比如中间"√"的绘制方法就有很多种，究竟应该采用哪种方法？不妨自己实际操作试试，然后比较一下哪种方法更好。

操作步骤如下：

步骤 1：新建文件，长、宽均为 512 像素，分辨率为 72 像素 / 英寸。

步骤 2：创建圆角矩形。

（1）选择"圆角矩形工具"，这时移动鼠标发现鼠标光标形状变成"+"形，在工作区域的任意位置单击，此时会弹出图 7.21 所示的对话框，按照图 7.21 所示参数进行设置，完成后单击"确定"按钮。

（2）创建的圆角矩形如图 7.22 所示，发现并未达到想要的效果（如颜色、描边及位置）。

（3）用"直接选择工具"选择圆角矩形，在属性栏中设置填充色及描边（描边设为"无"）。单击"填充"旁边的色块，会弹出图 7.23 所示的颜色列表，设置填充色。如没有满意的色块，则可以单击按钮，会弹出图 7.24 所示的"拾色器"对话框，可以自己调配颜色。描边颜色的设置类似，此处设置为无填充色，只需单击按钮即可。

图 7.20　"提醒"扁平图标效果　　图 7.21　"创建圆角矩形"对话框参数设置　　图 7.22　创建的圆角矩形

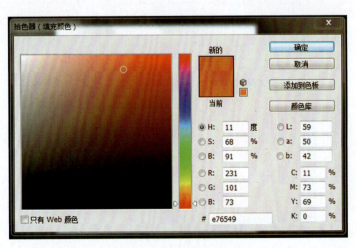

图 7.23　填充色属性设置面板　　　　　　图 7.24　"拾色器"对话框

步骤3：将圆角矩形居中对齐到画布。

（1）用"移动工具"选择背景层，按住Shift键选择圆角矩形图层。

（2）单击属性栏中的"水平居中分布"和"垂直居中分布"按钮（图7.25）。

步骤4：绘制中间的"√"。"√"的绘制要保证宽度一致，这里采用复制宽度一样的矩形的方法来绘制。

（1）用"矩形工具"绘制一个矩形，设置填充色为白色，无描边。

（2）复制一个矩形：选择刚才绘制的矩形所在图层，按"Ctrl+J"组合键复制一个图层。

（3）将复制的矩形旋转90°。

（4）将复制的矩形拉长：选择复制的矩形，按"Ctrl+T"组合键调整其高度（图7.26）。

（5）调整两个矩形的位置关系，如图7.27所示，此时如对图形不满意，仍可以进行调整，比如觉得水平矩形太长，可以用"直接选择工具"框选最左边的两个节点，然后按→键向右轻调。

步骤5：合并形状，将绘制的两个矩形作合并形状运算。

（1）合并图层：用工具（按住Shift键）选择两个矩形所在图层，按"Ctrl+E"组合键合并图层。

（2）合并形状组件：用工具选择两个矩形，然后在属性栏里选择"合并形状"→"合并形状组件"命令，合并效果如图7.28所示。

步骤6：将"√"旋转45°。用"移动工具"选择图层后按"Ctrl+T"组合键旋转45°，如图7.29所示。

步骤7：对齐图形，将创建的图形与圆角矩形进行居中对齐，效果如图7.30所示（背景层添加了颜色）。

步骤8：导出PNG格式效果图。图标的背景最好为透明状态（图7.31），这样所绘制的图标可以适应任何背景，所以将图标存储为PNG格式。

步骤9：保存PSD源文件。

拓展练习：完成股票图标的绘制。

股票图标绘制参考图如图7.32所示。

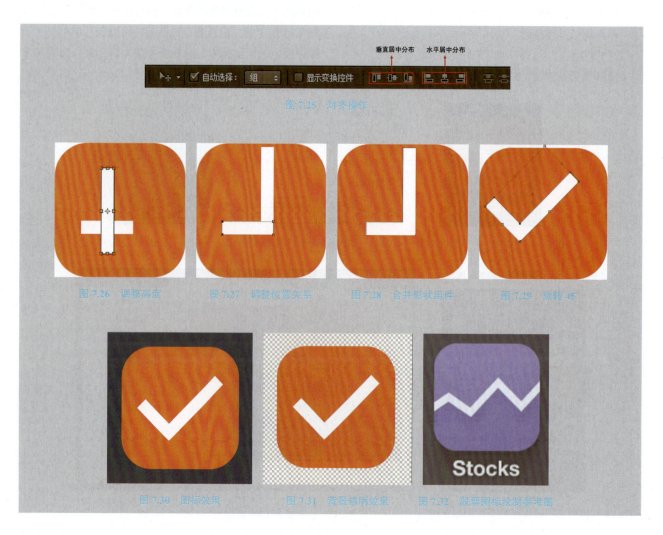

图7.25　对齐操作

图7.26　调整高度　　图7.27　调整位置关系　　图7.28　合并形状组件　　图7.29　旋转45°

图7.30　图标效果　　图7.31　背景透明效果　　图7.32　股票图标绘制参考图

7.2.3 "核对"扁平图标的绘制

绘制要求：按照图7.33所示效果，完成"核对"扁平图标的绘制。

操作分析：该图标和"提醒"图标非常类似，中间的"√"更粗短一些。为了提高效率，可以在"提醒"图标的基础上进行修改。圆环的运用很常见，可用减去顶层形状或排除重叠形状的方法绘制，任选一种。

操作步骤如下：

步骤1：将"提醒"图标文件另存为"核对"图标文件。

步骤2：调整"√"形状的粗细及长度。

（1）按"Ctrl+T"组合键，将"√"旋转-45°，如图7.34所示。

（2）用"直接选择工具"选择（按住Shift键多选）图7.35所示的两个节点，用↑键向上微调5个像素（可根据实际需要调整）。用同样的方法调整其他节点，得到图7.36所示效果。

步骤3：再次旋转"√"。

（1）选择"√"。（这里注意可以用"移动工具"或"路径选择工具"选择，但不要用"直接选择工具"选择。"直接选择工具"选择的是节点，"路径选择工具"选择的是整条路径。）

（2）按"Ctrl+T"组合键，将"√"旋转45°，如图7.37所示。

步骤4：绘制圆环。

（1）选择"圆形工具"，按住Shift键绘制一个圆形，设置填充色为白色，无描边。

（2）按住Alt键绘制圆形（用鼠标拖出一个圆形后再按住Shift键绘制圆形），如图7.38所示。

（3）对齐内、外圆。用"路径选择工具"选择内、外圆（按住Shift键），在属性栏里选择路径对齐方式，进行水平居中对齐和垂直居中对齐。

（4）调整内圆大小。用"路径选择工具"选择内圆，按"Ctrl+T"组合键，然后按"Alt+Shift"组合键进行放大（保证同心）（图7.39）。

（5）合并形状组件：用"路径选择工具"选择两个圆形，合并形状组件。

步骤5：合并圆环和"√"，使之成为一个完整的图形。

步骤6：将图形和圆角矩形对齐。

步骤7：改变圆角矩形的背景色。

步骤8：保存源文件并存储PNG格式文件。

"核对"扁平图标效果如图7.40所示。

拓展练习：完成iTunes图标的绘制。

iTunes图标绘制参考图如图7.41所示。

图7.33 "核对"扁平图标效果

图7.34 旋转图形

图7.35 选择节点并移动

图7.36 调整节点后的效果

图7.37 旋转回来的效果

图7.38 按住Alt键绘制的两个圆形

图7.39 放大内圆效果

图7.40 "核对"扁平图标效果

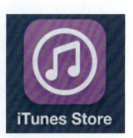
图7.41 iTunes图标绘制参考图

7.2.4 "天气"扁平图标的绘制

绘制要求：按照图7.42所示效果，完成"天气"扁平图标的绘制。

操作分析：该图标的绘制方法有很多种，一种是绘制外发光图形，通过旋转复制绘制一组，中间绘制一个圆形，然后将这些图形合并成一个图形。第二种方法较为复杂，运算的方法也比较多，下面进行详述。

操作步骤如下：

步骤1：新建文件，长、宽均为512像素，分辨率为72像素/英寸。

步骤2：创建圆角矩形。

步骤3：创建外围发光点。

（1）绘制基础图形：绘制一个矩形和两个椭圆（其中一个椭圆可以复制后用Shift键+方向键移动），完成效果如图7.43所示。对这三个图形进行合并运算，合并成一个图形，效果如图7.44所示。

（2）旋转复制：用"路径选择工具"选择图形。

按"Ctrl+Alt+T"组合键旋转45°（按住Shift键可以使调整角度以15°的整数倍递增），如图7.45所示。

连续按两次"Ctrl+Alt+Shift+T"组合键，再复制出两个图形，如图7.46所示。由于复制前选择的是路径，这些复制的图形都会被添加到一个图层中（说明已经合并）。

（3）合并形状组件，合并后的效果如图7.47所示。

（4）去除中间多余的图形。按住Alt键在中间绘制一个圆形，调整到合适位置，如图7.48所示。

（5）放大内圆。用"路径选择工具"选择内圆后，按"Ctrl+T"组合键，按"Alt+Shift"组合键进行放大，如图7.49所示。

（6）合并形状组件，如图7.50所示。

步骤4：创建中间的圆形。利用合并形状的方法创建中间的圆形，效果如图7.51所示。

步骤5：将图形和圆角矩形位置对正。

步骤6：保存源文件并存储PNG格式文件。

拓展练习：完成Wi-Fi图标的绘制。

Wi-Fi图标绘制参考图如图7.52所示。

小贴士

（1）图标的源文件要分层。

（2）图标的背景要透明，一定要存储为PNG格式。

（3）要利用对齐工具对齐图形。

学习链接

扁平图标的绘制

图7.42 "天气"扁平图标效果

图7.43 绘制的矩形和椭圆

图7.44 合并后的图形

图7.45 旋转复制出一个图形

图7.46 旋转复制出一组图形

图7.47 合并后的一组图形

图7.48 去除中间多余的图形　　图7.49 放大内圆　　图7.50 合并形状组件　　图7.51 创建中间的圆形　　图7.52 Wi-Fi 图标绘制参考图

7.3　UI立体图标绘制

7.3.1　图层样式介绍

图层样式是 Photoshop 中的一项图层处理功能，是后期制作图片中常用的一种功能，运用图层样式可以制作出各种立体投影、质感以及光影效果的图形特效。本节运用图层样式制作一些具有立体效果的图标。在学习立体图标的制作之前先对图层样式进行一些了解。

1. "图层样式"对话框

"图层样式"对话框如图 7.53 所示。

"图层样式"对话框中备注的 5 个红色方框分别代表的是：

（1）图层样式列表。图层样式列表中列出了 10 种图层样式，勾选前面的复选框就可以添加图层样式。图层样式可以多个进行叠加选择，即勾选多个复选框。如果要对某个图层样式进行重新编辑，可以在图层中单击这个图层样式的名称，然后在图层样式调整区（对话框中②区）进行具体的参数编辑。

除了列表中列举的 10 种样式外，还有两个选项"样式"和"混合选项"。

样式：可以选择默认的图层样式，如图 7.54 所示。

混合选项：包括常规混合、高级混合和混合颜色带，如图 7.55 所示。常规混合主要有混合模式（与图层混合模式相似）、不透明度；高级混合可以做一些类似于穿透的效果；混合颜色带可以解决"烟"状物体的抠取，在图标制作中较少使用。

（2）图层样式调整区。这块区域主要进行对应左边样式的具体参数设置。

（3）图层样式预览区。可以预览添加图层样式后的效果，以及确定或复位效果。按住 Alt 键才会出现"复位"按钮，如图 7.56 所示。

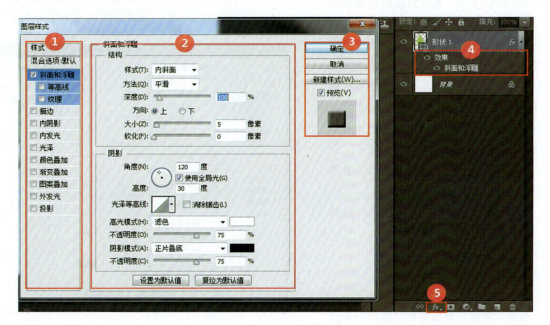

图7.53　"图层样式"对话框

（4）图层样式效果。当前图层所添加的所有图层样式都会显示在图层下方，单击某个图层样式前面的眼睛图标就可以隐藏/显示该图层样式的效果。

（5）"添加图层样式"按钮。单击该按钮即可以添加图层样式。

2. 图层样式介绍

（1）斜面和浮雕：分为内斜面、外斜面、浮雕效果、枕状浮雕、描边浮雕。

内斜面：沿对象、文本或形状的内边缘创建三维斜面。

外斜面：沿对象、文本或形状的外边缘创建三维斜面。

浮雕效果：创建外斜面和内斜面的组合效果。

枕状浮雕：创建内斜面的反相效果，其中对象、文本或形状看起来下沉。

描边浮雕：只适用于描边对象，即在应用描边浮雕效果时才打开描边效果。

（2）描边：可对图层上的对象使用颜色、渐变颜色或图案描绘轮廓。

（3）内阴影：可对图层上的对象的内边缘添加阴影，让图层产生一种凹陷外观。

（4）内发光：可为图层上的对象的边缘添加向内发光的效果。

（5）光泽：将对图层对象内部应用阴影，与对象的形状互相作用，通常创建规则波浪形状，产生光滑的磨光及金属效果。

（6）颜色叠加：可在图层对象上叠加一种纯色，可配合混合模式和不透明度一起使用。

（7）渐变叠加：可在图层对象上叠加一种渐变色，可配合混合模式和不透明度一起使用。

（8）图案叠加：可在图层对象上叠加一种图案，可配合混合模式和不透明度一起使用。

（9）外发光：可为图层上的对象的边缘添加向外的发光效果。

（10）投影：可为图层上的对象添加阴影效果。

具体图层样式的操作详见后面的实例。

3. 图层样式的创建

（1）选择需要创建图层样式的图层。

（2）单击"图层"面板中的"添加图层样

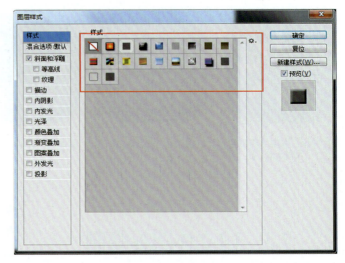

图 7.54　图层样式中的默认样式

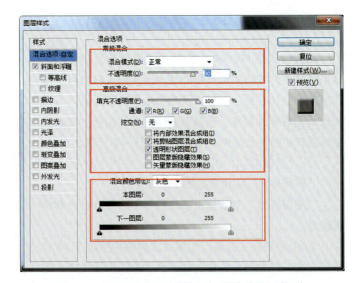

图 7.55　"图层样式"对话框中的"混合选项"选项卡

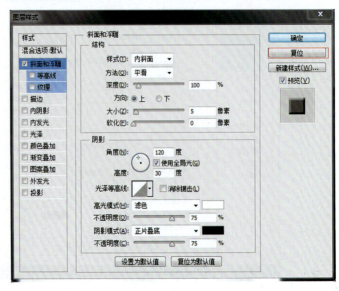

图 7.56　"图层样式"对话框中的"复位"按钮

式"按钮,在弹出的对话框中选择一种图层样式,比如"投影"。

(3)设置参数后单击"确定"按钮即完成图层样式的添加。

4. 图层样式的复制粘贴

假如有两个图形,如图7.57所示,要把右边的图层样式复制给左边,操作步骤如下:

步骤1:选择叶子图层。用"移动工具"选择叶子所在图层。

步骤2:用鼠标右键单击叶子图层,在弹出的快捷菜单中选择"拷贝图层样式"命令。

步骤3:复制图层样式。选择红色圆图层并单击鼠标右键,在弹出的快捷菜单中选择"粘贴图层样式"命令,这样就将叶子图层的样式复制给了圆。复制后的效果及图层如图7.58所示。

复制图层的操作可提高工作效率。

7.3.2 金属质感立体图标的绘制

绘制要求:按照图7.59所示效果,完成金属质感立体图标的绘制。

操作分析:立体图标的绘制有别于扁平图标,扁平图标的图形往往比较简洁,侧重于图形的运算,而立体图标则侧重于通过光影的变化来呈现立体的效果。主要运用图层样式来实现光影变化的效果。本例中图形至少可以分解成三个:底部圆角矩形,有渐变填充和描边渐变(均为线性填充);上面一层圆角矩形,有角度渐变填充和描边线性填充;五角星环,至少有内阴影,以营造嵌入感。具体制作过程如下:

步骤1:新建文件,长、宽均为512像素,分辨率为72像素/英寸。

步骤2:创建底部圆角矩形。

(1)创建一个圆角矩形,尺寸为400像素×400像素,圆角直径为100像素,填充色任意,无描边。将圆角矩形和背景居中对齐。

(2)添加"渐变叠加"和"描边"图层样式。

①渐变叠加:从左往右的线性渐变,所以调整角度为0°,打开渐变编辑器(单击图7.60中标注"1"的按钮),在弹出的"渐变编辑器"对话框中设置渐变的颜色。在图7.61所示渐变编辑器中单击标红线框的两个滑块,上面的滑块设置透明度,本例中不需要设置,单击下面的滑块会弹出"拾色器"对话框以设置颜色。如需要复制颜色则可按住Alt键拖动下面的滑块到相应位置,如删除色块则拖出区域外即可。

②描边:从效果图中可以看出,这里的描边不是纯色,有渐变。具体设置如下:

位置:分为外部(向外描边)、内部(向内描边)、居中(向内、外分别描边)(图7.62)。

大小:设为4像素。

填充类型:分"颜色""渐变""图案"填充三种,这里选择"渐变"填充。设置渐变样式、角度,并打开渐变编辑器编辑渐变颜色(图7.63)。

步骤3:创建上部圆角矩形。

(1)创建一个圆角矩形。尺寸为392像素×330像素,圆角直径为100像素,填充色任意,描边无。

(2)对齐圆角矩形:将上部圆角矩形和底部圆角矩形顶部、居中对齐后,用方向键下调4个像素(每按一下方向键下调1个像素),效果如图7.64所示。

(3)添加图层样式。从效果图中可以看出,图形中包含了"渐变叠加"和"描边"图层样式,"渐变叠加"图层样式是"角度"渐变,"描边"图层样式是"线性"渐变,如图7.65和图7.66所示。

两个圆角矩形叠加后的效果如图7.67所示。

图7.57 两个图形

图7.58 复制图层效果

图7.59 金属质感立体图标效果

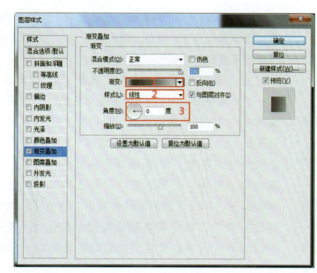

图 7.60 "渐变叠加"图层样式

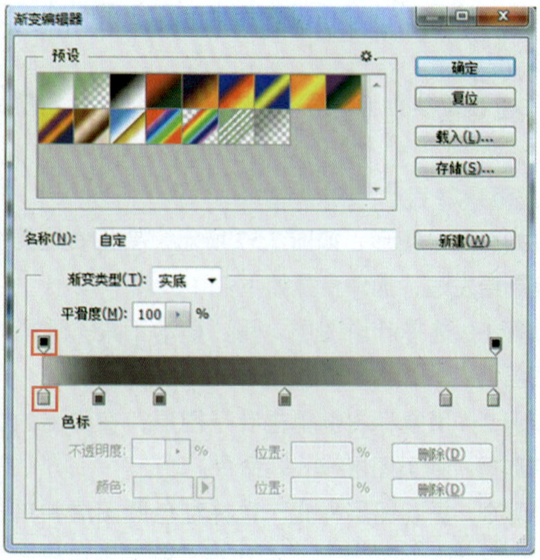

图 7.61 渐变编辑器

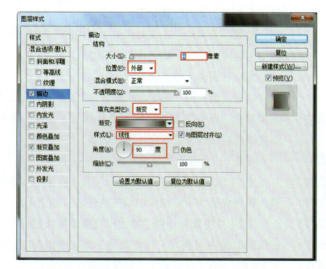

图 7.62 "描边"图层样式

图 7.63 添加"描边"和"渐变叠加"样式后的效果

图 7.64 两个矩形调整后的位置

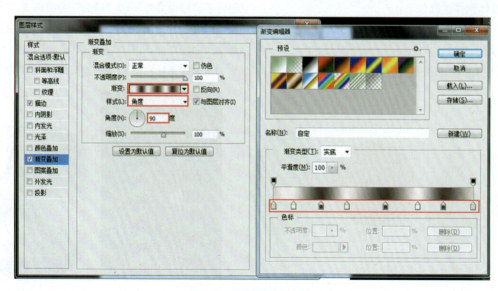

图 7.65 渐变叠加参数设置

图 7.66 描边参数设置

图 7.67 两个圆角矩形
叠加后的效果

步骤 4：创建五角星环。

（1）五角星的创建。选择"多边形工具"，属性栏设置如图 7.68 所示，绘制五角星。转换为五角星环的方法和圆环类似，这里不再赘述，详见 7.2.3 节相应内容。设置填充色，也可以用图层样式中的"颜色叠加"设置颜色（图 7.69）。

（2）添加图层样式：这里的图层样式要做出刻进去的凹陷感，使用"内阴影"。内阴影需要调整的参数如图 7.70 所示，参数值可以根据实际效果进行微调。调的时候注意观察效果，边调边看，直到满意为止（图 7.71）。

步骤 5：保存源文件并存储 PNG 格式文件。

拓展练习：完成立体八卦图标的绘制。

立体八卦图标绘制参考图如图 7.72 所示。

图 7.68 "多边形工具"
属性栏设置

图 7.69 设置星环颜色

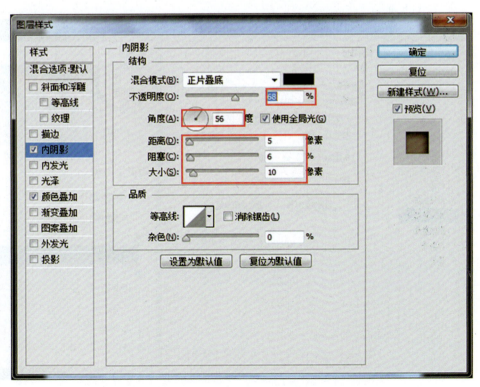

图 7.70 "内阴影"图层样式

图 7.71　添加内阴影后的效果　　图 7.72　立体八卦图标绘制参考图

7.3.3 "温度"立体图标的绘制

绘制要求：按照图 7.73 所示效果，完成"温度"立体图标的绘制。

操作分析：该图标的图形可分解为圆角矩形、"-8℃"、下面的云、背景以及背景中的气泡。云可以结合图层样式中的"斜面和浮雕"完成。

操作步骤如下：

步骤 1：新建文件，长、宽均为 512 像素，分辨率为 72 像素 / 英寸。

步骤 2：创建底部圆角矩形。

（1）创建一个圆角矩形，长、宽均为 400 像素，圆角直径为 100 像素，填充淡蓝色，无描边。

（2）将圆角矩形和背景居中对齐。

步骤 3：创建上部圆角矩形。

（1）复制圆角矩形：按"Ctrl+J"组合键，将前面创建的圆角矩形图层复制到新图层。

（2）选择复制的圆角矩形，用↓键轻移 3 或 4 个像素。

（3）添加"渐变叠加"图层样式。这里的设置比较简单，为从上到下的线性渐变（图 7.74 和图 7.75）。

（4）创建蒙版。上面创建的圆角矩形下移会让整个图形的高度超过 400 像素，可以用创建蒙版的方式去掉底部多余的图形。

载入底部圆角矩形图层选区：按住 Ctrl 键单击图层，回到上部圆角矩形图层，创建蒙版即可。

图 7.73　"温度"立体图标效果

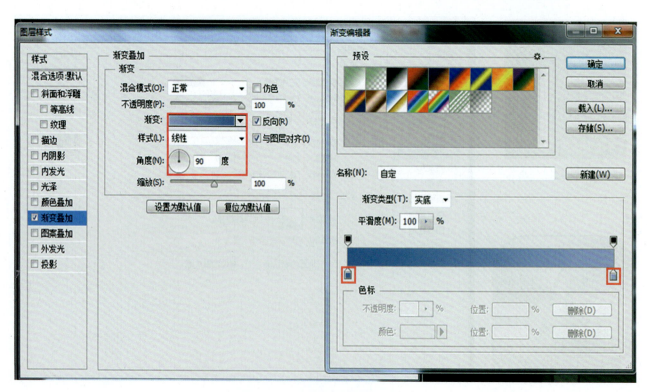

图 7.74　"渐变叠加"图层样式设置

步骤4：制作云。

（1）用"钢笔工具"绘制云图形，如图7.76所示。

（2）添加云的颜色。为云添加"颜色叠加"图层样式，这里的颜色不能设置为纯白，否则会和"斜面和浮雕"图层样式中的高光色一样，效果如图7.77所示。

（3）创建"斜面和浮雕"图层样式，以增强立体感。这里设置为"内斜面"样式，调整："大小"对应的效果，即高光和阴影的厚度；软化值越大，过渡越自然。"高光模式"设置为"滤色"、白色，"阴影模式"设置为"正片叠底"、紫色，可以调整不透明度，比如觉得阴影太重，可以降低不透明度或者调整颜色（图7.78和图7.79）。

（4）创建图层蒙版，去掉底部多余的图形（方法见步骤3），效果如图7.80所示。

步骤5：制作气泡。

（1）绘制一组圆形，合并在一个图层中，如图7.81所示。

（2）调整图层的不透明度，如图7.82所示。

（3）添加图层蒙版，去除圆角矩形外的圆形（方法略，详见步骤3）（图7.83）。

步骤6：制作温度。

（1）输入"-8℃"，效果如图7.84所示。

（2）添加"投影"图层样式："投影"图层样式比较简单，一般都用"正片叠底"，颜色建议不要用默认的黑色，选择比背景色深的同色系，效果会比较美观。设置角度、距离、大小参数即可（图7.85）。

步骤7：保存源文件并存储PNG式文件。

图7.75　添加"渐变叠加"图层样式后的效果

图7.76　绘制云图形

图7.77　颜色叠加到图形

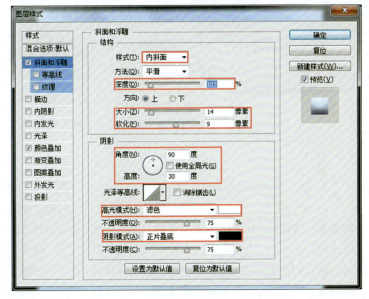

图7.78　"斜面和浮雕"图层样式设置

图7.79　添加"斜面和浮雕"图层样式后的效果

图7.80　创建图层蒙版后的效果

图7.81　绘制一组圆形

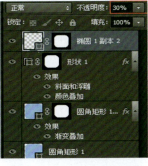

图7.82　调整图层的不透明度

图7.83　添加图层蒙版后的效果

图7.84　创建温度效果

拓展练习：完成立体钟表图标的绘制。

立体钟表图标绘制参考图如图 7.86 所示。

图 7.85　"投影"图层样式及效果　　　　　　　　　图 7.86　立体钟表图标绘制参考图

7.3.5　"音乐"立体图标的绘制

绘制要求：按照图 7.87 所示效果，完成"音乐"立体图标的绘制。

操作分析：和前面的图标相比，该图标的绘制较为复杂。从效果图可以看出，从下往上依次由以下图形组成：下圆角矩形、上圆角矩形、下圆（大）、上圆、高光、音符。下圆角矩形由"角度渐变"图层样式和"投影"图层样式叠加而成，上圆角矩形由上、下"线性渐变""斜面和浮雕"（营造厚度感）和"描边"图层样式叠加而成，大圆由"线性渐变"图层样式叠加而成，小圆由"内阴影""内发光""图案叠加""渐变叠加"等图层样式叠加而成，高光部分添加模糊滤镜，音符添加投影。通过这种分析，复杂的图形绘制变得简单，读者可以跳开操作步骤尝试自己绘制（图 7.88）。

操作步骤如下：

步骤 1：新建文件，长、宽均为 512 像素，分辨率为 72 像素/英寸（新建的文件可以添加背景色渐变）。

步骤 2：创建下圆角矩形。

（1）创建一个圆角矩形。长、宽皆为 400 像素，圆角直径为 100 像素，填充色任意（后面作渐变样式叠加），无描边。

（2）将圆角矩形和背景居中对齐。

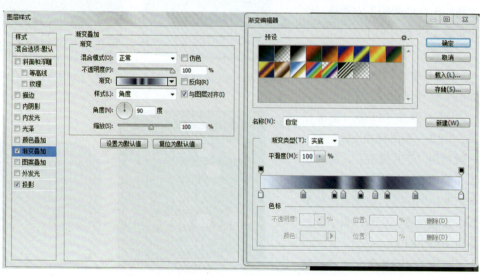

图 7.87　"音乐"立体图标效果　　　　　　　　　图 7.88　"渐变叠加"选项卡

（3）添加"投影"和"渐变叠加"图层样式。

渐变叠加：色板的颜色注意深浅交替，另外头、尾的颜色一致。

投影：投影比较简单，注意不用纯黑，选择和背景色同一个色系的颜色。设置参数如图7.89所示，效果如图7.90所示。

步骤3：创建上圆角矩形。

（1）复制下圆角矩形到新的图层。按"Ctrl+J"组合键，复制下圆角矩形到新的图层，作为上圆角矩形。

（2）缩小复制的圆角矩形。按"Ctrl+T"组合键，按"Alt+Shift"组合键适当缩小，效果如图7.91所示。

（3）修改并添加图层样式：修改"渐变叠加"图层样式参数（图7.92），去除"投影"图层样式，添加"描边""斜面和浮雕"图层样式（营造厚度感）。

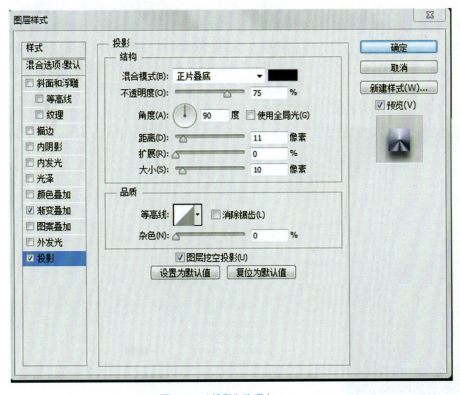

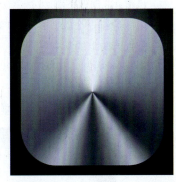

图7.90　下圆角矩形效果

图7.89　"投影"选项卡

图7.91　复制圆角矩形效果

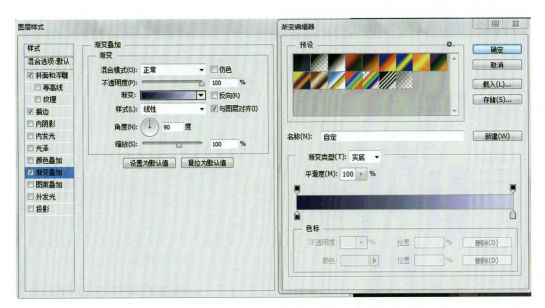

图7.92　修改渐变叠加参数

斜面和浮雕：通过内斜面的设置往往可以做出厚度感，拖动"大小"调整滑块，很明显可以看到左上角的白色高光部分（"高光模式"的设置，颜色可以改变，此例设置为白色）的粗细变化，"阴影模式"的颜色建议修改为同色系的深色（图7.93）。

描边：从效果图可以看出，描边存在透明度的渐变，即垂直方向上的中间部分没有描边（图7.94和图7.95）。

步骤4：创建下圆。

（1）绘制一个圆，并添加"渐变叠加"图层样式（"线性"垂直方向上的渐变）（图7.96）。

（2）对齐圆：和背景对齐。

步骤5：创建上圆1。

（1）按"Ctrl+J"组合键复制下圆图层，作为上圆图层。

（2）缩小复制的圆。按"Ctrl+T"组合键，按"Alt+Shift"组合键适当缩小。

（3）创建并修改图层样式，包括"渐变叠加"（圆形一般用径向渐变增强立体感）、"内阴影"、"内发光"（一般默认的混合模式都为"滤色"，这里也可以根据需要进行修改）等，效果如图7.97～图7.99所示。

步骤6：复制上圆1到新的图层，删除"渐变叠加"图层样式。

步骤7：为复制的圆添加"图案叠加"图层样式。（因"图案叠加"和"渐变叠加"无法同时叠加给椭圆，因此需要复制一个圆，在复制的圆上面添加"图案叠加"图层样式。）

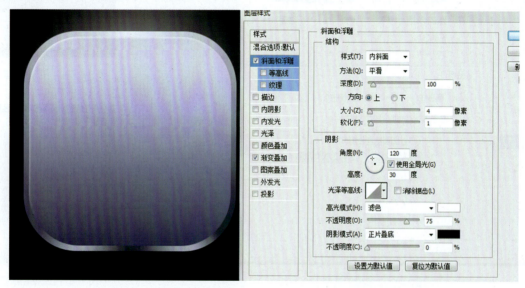

图7.93　"斜面和浮雕"选项卡参数及效果

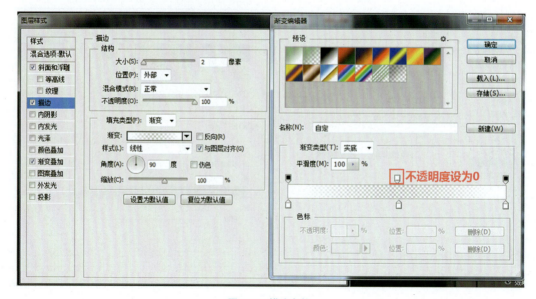

图7.94　描边参数

图 7.95 描边后的效果

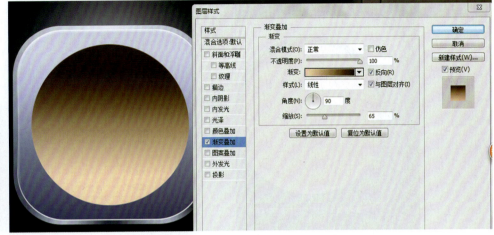

图 7.96 "渐变叠加"图层样式及添加后的效果

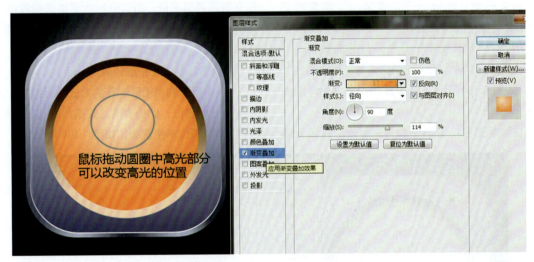

图 7.97 "渐变叠加"图层样式及效果

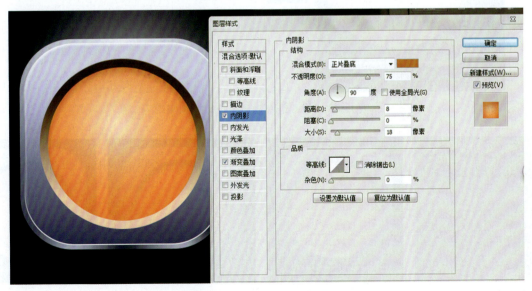

图 7.98 "内阴影"图层样式及效果

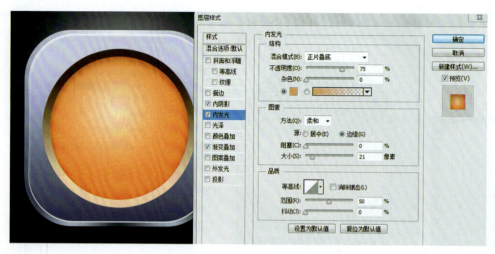

图 7.99 "内发光"图层样式及效果

（1）定义图案：新建一个 2 像素 ×1 像素的文件，绘制图形"▨"（无边框），选择整个图形，执行"编辑"→"定义图案"命令，为图案命名。

（2）回到音符文件，为复制的圆添加"图案叠加"图层样式，如图 7.100 所示，发现圆为白色（思考图案叠加为什么不成功）。

（3）去除填充色：图案叠加并未起效，是因为圆形有自己的填充色，所以此时需要将圆图层中的填充度降为 0，如图 7.101 所示。此时图案叠加效果如图 7.102 所示。

步骤 8：绘制高光部分的图形。

（1）可以利用图形运算的方式进行绘制，方法、过程前面已经讲过，此处省略。效果如图 7.103 所示。

（2）制作渐变蒙版，如图 7.104 所示。

图 7.100 添加"图案叠加"图层样式及效果

图 7.101 调整填充度　　图 7.102 图案叠加效果　　图 7.103 高光部分图形

（3）添加高斯模糊。执行"滤镜"→"转换为智能滤镜"命令和"滤镜"→"高斯模糊"命令。效果如图 7.105 所示。

步骤 9：绘制音符。

（1）绘制音符。选择"自定义形状工具"属性栏中的音符，绘制音符图形（图 7.106）。

（2）添加投影，注意投影色比背景色略深即可。

"音符"图标效果如图 7.87 所示。

步骤 10：保存源文件并存储 PNG 格式文件。

拓展练习：完成日历图标的绘制。

日历立体图标绘制参考图如图 7.107 所示。

> **小贴士**
>
> （1）添加"图案叠加"图层样式时图层填充度要设置为 0。
>
> （2）投影的颜色一般不设置为纯黑色，选取和背景色相近但略深的颜色即可。

图 7.104　制作渐变蒙版

图 7.105　高光效果

图 7.106　绘制音符图形

图 7.107　日历立体图标绘制参考图

> **学习链接**
>
>
>
> 立体图标的绘制

学/习/评/价/表

一级指标	二级指标	评价内容	评价方式		
			自评	互评	教师评价
职业能力（50%）	扁平图标绘制（30%）	能根据给定参考图，使用 Photoshop 临摹扁平化图标			
	立体图标绘制（20%）	能根据给定参考图，使用 Photoshop 临摹立体化图标			

续表

一级指标	二级指标	评价内容	评价方式		
			自评	互评	教师评价
作品效果（50%）	技术性（20%）	图标绘制具有一定的难度和复杂度			
	美观性（20%）	图标绘制效果美观，构图合理、配色合理			
	规范性（5%）	图标尺寸规范、图层规范			
	创新性（5%）	图标绘制具有一定的创新性			

本/章/习/题

一、填空题

（1）根据设计风格，图标可分为_____、_____。

（2）图标设计主要遵循的原则为_____、_____、_____。

（3）图标文件的大小为_____。

（4）图标绘制中圆角矩形的大小一般为_____。

（5）使用"椭圆工具"时，需要配合_____键才能绘制出正圆。

（6）图形运算中合并形状的快捷键是_____。

（7）Photoshop中常用的图层样式有_____、_____、_____、_____、_____、_____、_____、_____、_____。

（8）渐变的类型有_____、_____、_____、_____、_____。

二、判断题

（1）"路径选择工具"选择的是图形中的整条路径，而"直接选择工具"选择的是某个节点。（　　）

（2）图标绘制完成后，把背景色设置为透明，导出JPEG文件，其背景是透明的。（　　）

三、操作题

（1）参考图7.108所示的图标效果，完成主题图标临摹制作。

（提示：利用图形绘制、图层样式等绘制背景）

图7.108　主题图标效果

（2）利用图7.109中的木纹素材，完成如图7.110所示的立体图形绘制

（提示：利用图层样式做出立体效果）

图7.109　木纹素材

图7.110　立体图标效果图

CHAPTER 8 第 8 章 字体设计

内容概述

本章介绍了字体的分类、字体的安装方法、单行文字的创建、多行文字的创建、段落文字的创建、路径文字的创建和区域文字的创建;介绍了字体的设计原则、设计风格、设计方法;详细介绍了立体字设计、变形字体设计和书法字体设计等。

学习目标

1. 掌握字体的安装方法;
2. 掌握单行和段落文字的创建和编辑;
3. 掌握路径文字和区域文字的创建和编辑;
4. 掌握字体设计的方法;
5. 掌握字体的排版技巧;
6. 了解行业发展动态;
7. 开拓设计视野,培养创新意识及字体素材版权意识。

本章重点

1. 常规文本的创建方法;
2. 字体设计思路和方法;
3. 立体字、变形字和书法字体的设计方法。

文字在设计作品中是不可或缺的一部分，具有举足轻重的地位。文字不仅能起到有效传达信息的作用，通过字体、字号、颜色、字形等的设计，还可以帮助设计师传递作品的主旨和设计理念。在设计中融入汉字可以提高设计作品的灵性和感染力，还能传达品牌价值观和设计理念。

8.1 字体基础知识

8.1.1 字体分类

字体种类繁多，初学者经常会纠结应该使用哪种字体。这就需要先学会判断字体的类型，并了解每一种类型的字体的适用范围。

字体可以分为五大类型，分别是衬线字体（Serif）、无衬线字体（Sans-serif）、手写体（Script）、等距体（Monospace）和标题体（Display）。该分类法可以应用于中文以及所有的字母类字体，包括英文、罗马字、西里尔字、阿拉伯字等。几乎所有的自创字体都可以被划分为某个类型。

1. 衬线字体

定义方式：在字体笔画两端有修饰衬线。

主要用途：印刷品（如书籍）。

典型字体：宋体、Bodoni、Caslon、Trajan、Eames Century Modern。

衬线字体是一种经典的字体类型，它的主要外观特色是在线条的两段有用于修饰的衬线。比如小写字母"L"，在衬线字体里除了竖着的一条线之外，还会有向两端凸出的部分，如图8.1所示。尽管衬线字体的衬线在某种程度上是映射手写的效果，但英文衬线字体本质上是从古罗马时期发源的，古罗马时期的雕刻体多为衬线字体。

字体设计师和出版者早就认识到，设计精良的衬线字体可以很好地传递优雅的感觉，同时不会占用太多空间。衬线字体迎合了眼睛看向下一个字母的视觉流，并可以使文字更容易被分辨，因此衬线体经常被作为图书或杂志的正文字体，其辨识度主要取决于印刷质量。不过在数字媒体时代，用衬线字体作为正文的在线读物不多。

典型的中文衬线字体是宋体。宋体的特点是横细竖粗，横线尾和直线头呈三角状，字形端正、刚劲有力，常用于正文，如图8.2所示。宋体还包括标宋、仿宋和中宋等。标宋比宋体的比例大，适合作标题，仿宋横、竖粗细几乎相同，类似的三角还存在。宋体的点、撇、捺、钩等笔画有尖端，属于典型的衬线字体。

宋体具有古典、文艺、清新的气质，不仅适用于正文，也适用于标题，图8.3所示的海报，如果标题用的不是宋体，也就达不到文艺、简约的效果。

2. 无衬线字体

定义方式：笔画工整且宽度几乎相等，没有衬线。

主要用途：屏幕显示。

典型例子：黑体、Helvetica、Gotham、Akzidenz Grotesk、Futura。

类别词"sans"在法语中的含义是"没有"，所以无衬线体就是指笔画末端没有衬线的字体。去除衬线的思想是字体变革后期才有的，直到20世纪早期才得到大范围的认可。无衬线字体的粗细几乎总是一致的，这说明笔画中几乎没有可见的粗细过渡，如图8.4所示。

由于屏幕的分辨率有限，对衬线字体的渲染效果有时不尽理想，因此无衬线字体往往是网页、App等屏幕

图8.1 英文衬线字体

图8.2 宋体字特征分析

所示的广告，标题很突出，能起到快速传递主题的作用。

3. 手写体

定义方式：模仿手写或书法的字体。

主要用途：以装饰为主。

典型例子：毛笔字体、Shelley、Bickham。

利用书法笔刷、钢笔或者专业笔等手写的字体都属于手写体。这一类字体还可以很容易地划分为连笔手写体、不连笔手写体、手工书写的手写体、模仿传统书法风格的手写体等（图8.7）。

手写体的特点就是自由、有个性、有温度、文艺别致，一般是为了塑造某种特殊风格，比如哥特风和英伦风。手写体经常出现在邀请函、书信、书籍、专辑封面等需要独特、个性化外观的地方。手写体不宜多用，因为手写体可读性比其他字体差，用多了会引起用户视觉疲劳。书写标题等特殊用途可以考虑使用手写体。比较出名的手写体有静蕾体、叶根友体等。

4. 等距体

定义方式：每个字母的水平宽度都是相同的。

主要用途：编程。

典型例子：FF Trixie、Inconsolata。

等距体是一种很特殊的字体，每个字母的水平宽度都相同。在常见的字体里面，字母 L 的小写是很窄的，而字母 O 的大写是很宽的，W 甚至比 O 还要宽。而在等距体中，这些字母的水平间距相同，如图 8.8 所示。

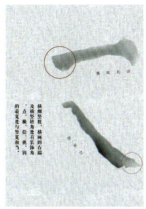

图 8.3　宋体应用实例

图 8.4　英文无衬线字体

内容的标准字体。无衬线字体也是企业常用的字体，被视为一种突破，经常被用来作为海报、标语和数字屏幕的字体。

因为无衬线字体简洁、大方、美观、易读性强，所以在设计中运用得非常多，人们熟悉的英文无衬线字体就有 Arial、Helvetica、Brand Grotesque 等。

最典型的中文无衬线字体是黑体。黑体的特点是横、竖粗细一致，横平竖直，没有衬线，如图 8.5 所示。黑体还包含细黑、中黑、粗黑、超粗黑等，它们的特点与黑体相似。

由于黑体非常醒目，所以经常用于标题，如图 8.6

图 8.6　黑体应用实例

图 8.5　黑体特征分析

图 8.7　手写体

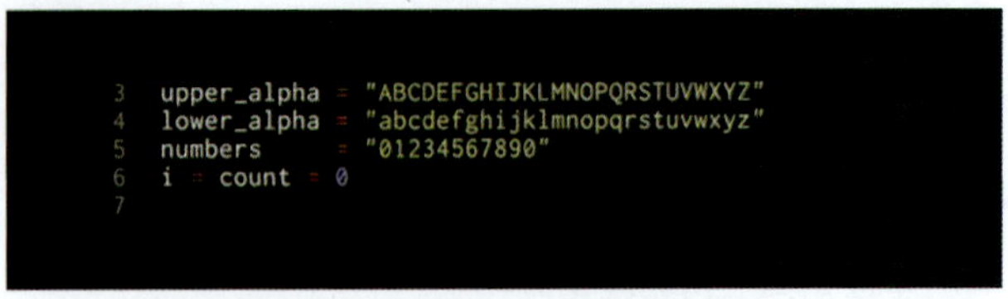

```
3  upper_alpha = "ABCDEFGHIJKLMNOPQRSTUVWXYZ"
4  lower_alpha = "abcdefghijklmnopqrstuvwxyz"
5  numbers     = "01234567890"
6  i : count = 0
7
```

图 8.8　等距体

实际上等距体是专门为编程工作者制作的用于输入代码的字体，使用这种字体可以更好地对齐文本并控制每行的字数。尽管在打字机时代结束后，等宽字体因为不够美观而被冷落了一段时间，但随着现代编程的发展，这种字体重新兴起，被大多程序员所应用。

5. 标题体

定义方式：不适合作为正文字体的字体。

主要用途：标题或标语。

典型例子：综艺体、菱心体、Bella、Karloff、Neu Alphabet、Impact。

标题体是一类专门为标语、广告和标题设计的字体，通常不适用于正文。标题体可以是衬线的、无衬线的，也可以是手写的、等距的。标题体可以说是一种二级分类，之所以单独把它拿出来，是想把它和能用于正文的字体区分开。标题体主要是为了唤起某种特定情绪设计和使用的，如图 8.9 所示。

典型的标题体是综艺体。综艺体是宋体、黑体的一种变体，也是艺术字的一种，其特点是笔画更粗，尽量将空间充满。同时为了美观，笔画拐弯处都有一个矩形角度，如图 8.10 所示。方正、百度、微软等各大字库都开发了这种字体，它常被用于报告、报刊等的标题。

图 8.9　标题体 　　　图 8.10　综艺体特征分析

8.1.2　字体安装

字体包括系统字体和非系统字体，系统字体是系统自带的免费字体，计算机无须下载安装即可直接使用；非系统字体需要到网上下载，再进行安装才能使用。

在 Windows 7 中安装字体有两种方法：一种是直接将要安装的字体文件复制到字体文件夹中；另一种是使用快捷方式安装字体。下面就讲一下 Windows 7 中的这两种字体安装方法。步骤如下：

步骤 1：下载字体。首先去网络上下载自己喜欢的字体并进行解压，一般下载的文件都是".zip"或".rar"格式的压缩文件，解压后的字体文件一般为".ttf"格式。

常用的字体设计网站如下：

> **小贴士**
> （1）字体商用要注意版权问题。如果企业没有购买版权而将设计作品商用，就属于侵权行为。所以在使用字体之前要先和企业确认是否已经购买了字体版权。设计师可以在商用字体的基础上进行变形修改，差异度建议至少大于 50%，多在一些细节上进行改变。
> （2）设计师最好积累自己的字体素材库。设计师平时可以积累自己的字体素材库，避免在工作中因无字体可用而烦恼。

（1）字由。整个网站采用极简风格，有大量案例和字体设计文章，提供 435 款免费字体。

（2）字客网。该网站提供了大量的字体（包括免费字体）及相关的设计工具，可以对字体授权情况进行查看。

（3）识字体。该网站帮助字体使用者快速识别字体，建议上传图片时背景用纯色的，这样也可快速明确字体是否可以商用。

步骤 2：安装字体。

方法 1：以复制的方式安装字体。在 Windows 7 中以复制的方式安装字体和在 Windows XP 中没有什么区别，就是直接将字体文件复制到字体文件夹中。一般默认的字体文件夹在"C：\Windows\Fonts"。打开"我的电脑"，在地址栏中输入"C：\Windows\Fonts"，打开 Windows 字体文件夹（或者选择"控制面板"→"外观和个性化"→"字体"选项，进入 Windows 7 字体管理界面），将解压出来的字体文件复制到文件夹里，新的字体就安装完成了。

方法 2：用快捷方式安装字体。在 Windows 7 中用快捷方式安装字体的唯一好处就是节省空间，因为使用复制的方式安装字体会将字体全部复制到"C：\Windows\Fonts"文件夹，会使系统盘变得特别大，使用快捷方式安装字体可以节省空间。

首先，在 Windows 7 中选择"控制面板"→"外观和个性化"→"字体"选项，单击"字体设置"按钮进入字体设置界面，勾选"允许使用快捷方式安装字体（高级）（A）"复选框。

然后，找到字库文件夹，选择（可以选择某个字体或者多个字体）后单击鼠标右键，在弹出的快捷菜单中选择"作为快捷方式安装（S）"命令，就可以安装字体了。

8.2 文字创建

如果作品中有图有文字，这样的版面中文字的字体、大小、间距、位置、颜色搭配就一定要做到统一且内容清晰。但只有这些还远远不够，在一个出彩的作品中，对于文字的设计还要适度变形，更改重点字的尺寸大小、字体的风格，改变字符间的距离、位置。在多段落的文字排版中，还要考虑到段落间的空隙，段落的主次要分明，排列位置，点亮内容表达中重要的部分，让人既能一目了然地看到重点，又被文字的整体层次感和节奏感所吸引，做到独具匠心且错落有致。反之，文字组合的不恰当和字形设计的违和感，甚至字体颜色、间距的不合理，都会给人带来视觉的疲劳和心理的抗拒，严重影响设计意图的传达。

下面介绍 Photoshop 软件中文字的创建方法，字体的大小、间距、位置和颜色的设置方法。

8.2.1 单行、多行文字的创建

1. "文本工具"属性栏

字体的样式、大小、颜色等属性，可以在创建文字前通过"文本工具"属性栏提前设置好。在工具栏中选择"文本工具"，就会在属性栏中显示相应的参数，如图 8.11 所示。

2. "字符"面板

创建文本时，一般都是先创建文字，再通过"字符"面板对字体进行设置。单击"文本工具"属性栏中的"字符面板"按钮，即可打开"字符"面板，如图 8.12 所示。

"字符"面板中的字体、字体样式、字体大小、文字颜色和消除锯齿等功能和"文本工具"属性栏中的相应选项相同。但"字符"面板中提供了比"文本工具"属性栏中更多的选项。

（1）设置字体系列：在"字符"面板中，可以选择系统自带的或安装的字体。

（2）设置字型：这个设置和"字体工具"属性栏中的是一样的，主要包括常规样式和加粗样式，字体的粗细程度不同。

（3）设置字体大小：字体大小以点为单位，数值越大，字体越大。

（4）设置行距：行距是指文本中两个文字行之间

图 8.11 "文本工具"属性栏

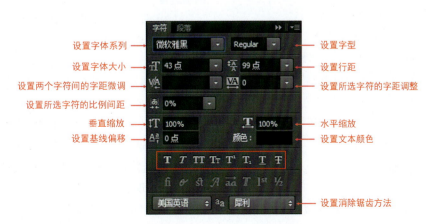

图 8.12 "字符"面板

的垂直距离，一个段落的行与行之间可以设置不同的行距，但文字行中最大的行距决定了该行的行距。行距数值越大，行距越大。

（5）设置两个字符间的字距微调：用来设置调整两个字符的间距，在操作时首先要在调整的两个字符之间设置插入点，然后进行调整。

（6）设置所选字符的字距调整：选择了部分字符时，可以调整所选字符的间距，没有选择字符时调整所有字符的间距。

（7）设置所选字符的比例间距：用来设置所选字符的比例间距。

（8）垂直缩放：用于调整字符的高度，实现垂直缩放的效果。

（9）水平缩放：用于调整字符的宽度，实现水平缩放的效果。

（10）设置基线偏移：设置所选文字的上线偏移效果。当使用"文本工具"在图像中单击设置文字插入点时，会出现一个闪烁的"1"形光标，光标中小线条标记的是文字的基线，默认情况下绝大部分文字位于基线之上，小写的"j""p""q"位于基线之下，调整文字的字符可以满足一个特殊文本的需求。

（11）设置文本颜色：修改字体的颜色。

最底部的8个图标按钮分别为"仿粗体""仿斜体""全部大写字母""小型大写字母""上标""下标""下划线"和"删除线"。

小贴士

（1）初学者可以先掌握重点的几个功能，如设置字体系列、设置字型、设置字体大小、设置行距和设置文本颜色等常用功能，其他功能可以通过边调节边观察效果的方法掌握。

（2）参数调整方法。

方法1：可以直接输入数据调整。

方法2：可以双击后，滚动鼠标滚轮进行调整。

（3）快速选择某个文本图层的所有文字：双击文本图层的缩略图即可。

8.2.2 段落文字的创建

格式化段落是指设置文本中的段落属性，如设置段落的对齐、缩进和文字的间距等。对于文本来说，每行是一个单独的段落。对于段落文本来说，由于定界框大小不同，一段可以有好多个字符，"字符"面板只能处理选择的字符，"段落"面板则不论是否选择，都可以处理整个段落。"段落"面板如图8.13所示。

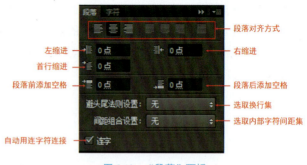

图8.13 "段落"面板

"段落"面板用来设置段落属性。如果要设置单个段落的格式，可以用"文本工具"在段落中单击设置文字插入点，并显示定界框；如果要设置多个段落的样式，要先选择这些段落；如果要设置全部段落的样式，可在"图层"面板中选择文本所在图层。

（1）段落对齐方式设置。段落对齐方式包括左对齐、居中对齐、右对齐、最后一行左对齐、最后一行居中对齐、最后一行右对齐和全部对齐。

（2）段落的缩进方式设置。

左缩进：横排文字从段落左端缩进，直排文字从段落顶端缩进。

右缩进：横排文字从段落右端缩进，直排文字从段落底端缩进。

首行缩进：对于横排文字，首行缩进与左缩进有关；对于直排文字，首行缩进与顶端缩进有关。如果要设置为负值，可以创建首行悬挂缩进。缩进只影响选择的一个或者多个段落，因此，可以为各个段落设置不同的缩进量。

（3）段落间距设置。"段落"面板中的"段落前添加空格"按钮和"段落后添加空格"按钮用于控制所选段落的间距。

（4）自动用连字符连接。连字符是在每一行末端断开的单词间添加的标记，将文本强制对齐是为了满足对齐的需求，将某一行末端的单词断开至下一行。勾选"连字"复选框，可以断开单词间的显示标记。

（5）选取换行集。一般用于规定标点符号不在每一行的开头出现。建议选择"JIS 严格"选项。

实例8.1：创建多行文字。

参考图8.14，完成多行文字的创建。

步骤如下：

步骤1：分析文字对象。从参考图中可以看出，本例的文字对象包括4个，可以单独创建4个文本图层。

（1）主标题：不想说再见。

（2）副标题：Don't want to say goodbye。

（3）正文：甜美的酒窝、有礼的态度、迷人的笑容、独特的嗓音。他爱音乐的心，一路走来始终没有改变，只有随着时间，将音乐焠炼成更深一层的感悟。

（4）其他文字：黄品源。

步骤2：新建文件。新建A4大小的文件，由于是练习作品，将分辨率设置为72像素/英寸即可。

步骤3：导入参考图素材。在新建的文件中，打开"不想说再见"参考图素材。调整图片的大小和位置，让图片和新建的文件差不多大，并居中摆放。为了不影响别的图层，可以适当降低该图层的不透明度，或者在别的文件中单独打开，调整窗口大小，作为参考图像。

步骤4：创建主标题文本。在工具栏中选择"文本工具"，创建主标题文本，并在"说"字后面按Enter键，对主标题文本进行换行处理。

（1）选择字体：该字体属于衬线字体。

（2）调整文字大小：由于文字大小不一致，可以先整体进行调整，再单独进行细微调整。

（3）调整行距。

（4）调整字高和字宽。

（5）单独调整相连文字的字符间隔距离。

（6）单独调整"想"字和"见"字的基线偏移。

调整前、后效果如图8.15所示。参数没有显示的地方，表示5个字的效果不一致。

步骤5：创建副标题文本。

（1）选择一种较细的英文衬线字体，创建副标题文本。

（2）调整文字大小。由于文字大小不一致，可以先整体进行调整，再单独进行细微调整。

（3）调整字符间隔距离。

（4）设置字体颜色为深灰色。

（5）单独调整"Don't"的基线偏移。

（6）调整图层的位置，将副标题图层放到主标题图层的下方。

调整前、后效果如图8.16所示。

步骤6：创建正文。

（1）创建正文文本。

①选择"文本工具"。

②在文件中相应位置创建一个矩形文本框，用于放置正文内容。

③输入正文。

（2）选择字体为"宋体"。

（3）设置行距。

（4）调整字符间隔距离。

（4）设置字体颜色为深灰色。

（5）还原其他参数。

正文效果如图8.17所示。

步骤7：创建其他文字。

（1）创建矩形，将颜色修改为红色。

（2）创建其他文字，编辑字体的颜色和大小。

（3）调整矩形图层和其他文字图层的前后关系，矩形图层在下方。

（4）选择矩形图层和其他文字图层，进行上下和左右居中对齐。

图8.14 "不想说再见"文字创建效果

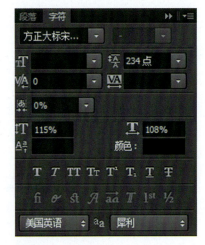

图8.15 主标题文本调整前、后效果和参数设置

（5）将两个图层进行编组。

（6）移动组到相应位置。

完成效果如图 8.18 所示。

步骤 8：完成多行文字的创建，保存文件。

拓展练习： 多行文字的创建。

按照图 8.19 完成多行文字的创建。

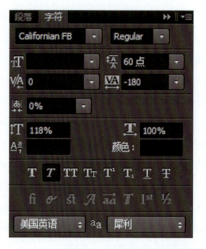

图 8.16　副标题文本参数设置和调整前、后效果

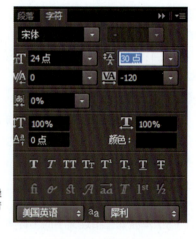

图 8.17　正文效果

图 8.18　"不想说再见"完成效果和图层效果　　　　图 8.19　多行文字的创建参考图

8.2.3 路径文字的创建

文字按照路径排版有两种形式：一种是沿路径进行文字创建，可以称为路径文字；另一种是在路径区域内创建文字，可以称为区域文字。这两种文字如图8.20所示。

下面先介绍路径文字的创建方式。在创建路径文字之前需要先创建路径，路径可以使用"钢笔工具"绘制，也可以使用"形状工具"绘制，可以是闭合路径，也可以是不闭合路径。

实例8.2：临摹制作路径文字。

参考图8.21所示海报，完成路径文字的创建。文字内容为"Life is like a box of chocolates. You never know what the next one is from."。

操作步骤如下：

步骤1：打开文件。打开路径文字海报参考图文件。

步骤2：按"Ctrl+J"组合键复制背景图层。

步骤3：修复复制图层的背景。利用"修补工具"或"填充"命令的内容识别功能，将原有的路径文字清除干净，效果如图8.22所示。

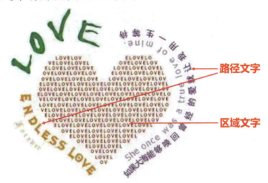

图8.20 路径文字和区域文字

图8.21 路径文字海报参考图

图8.22 路径文字海报底图修复效果

步骤4：绘制路径。

（1）为了参考原图进行路径绘制，可以将复制的图层暂时关闭。

（2）选择"钢笔工具"，绘制路径。

（3）修改路径。使用"直接选择工具"移动路径锚点，让路径与参考图的文字完全吻合，路径绘制效果如图8.23所示。

（4）可以在"路径"面板中保存路径，以方便后续进一步修改。

（5）路径绘制好以后，可以关闭背景图层，打开复制的图层。

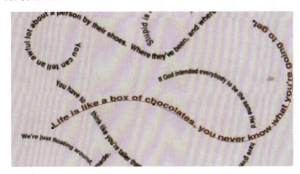

图8.23 路径绘制效果

步骤5：创建路径文字。

（1）确保刚才绘制的路径处于被选中状态。如果视图中路径没有显示，可以在"路径"面板中找到路径，在相应路径名或路径缩略图上单击，即可让该路径在工作区中显示（在"路径"面板的空白处单击，可以让路径在工作区中处于不显示状态）。

（2）选择"文本工具"。

（3）选择"文本工具"之后，将鼠标指针放在路径上方，当鼠标指针变成 I 状态时（需要注意的是，依据鼠标指针停留位置的不同，鼠标指针会有不同的变化）单击，输入相应的文字内容，如图8.24所示。

步骤6：修改路径和文字方向。

（1）如果想修改路径，不用选择"直接选择工具"或"钢笔工具"，而是仍然选择"文本工具"，结合Ctrl键与"直接选择工具"调整路径的形状。

（2）可以对文字的起始位置进行修改。路径文字中，"×"的位置代文字起始点，黑点的位置代表文字结束点。可以使用"路径选择工具"对起始点和结束点的位置进行移动调整，如图8.25所示。

（3）调整文字的方向。使用"路径选择工具"对文字直接进行垂直拖曳，即可将文字垂直翻转，如图8.26所示。

图 8.24　路径文字创建效果

图 8.25　路径文字起始位置调整

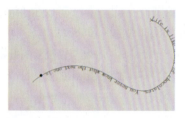

图 8.26　将文字垂直翻转

步骤 3：修复复制图层的背景。利用"修补工具"或"填充"命令的内容识别功能，将原有的路径文字清除干净。

步骤 4：绘制路径。

（1）为了参考原图进行路径绘制，可以将复制的图层暂时关闭。

（2）选择"钢笔工具"，绘制路径。

（3）修改路径，使用"直接选择工具"移动路径锚点，让路径与参考图的文字完全吻合，路径绘制效果如图 8.28 所示。

（4）可以在"路径"面板中保存路径，以方便后续进一步修改。

（5）路径绘制好以后，可以关闭背景图层，打开复制的图层。

步骤 5：创建区域文字。

（1）确保刚才绘制的路径处于被选中状态。

（2）选择"文本工具"，将鼠标指针放在路径区域内部，当鼠标指针变成圆形时单击，输入相应的文字内容（需要注意的是，鼠标指针停留的位置不同，鼠标指针会有不同的变化）。

步骤 6：修改路径。选择"文本工具"，结合 Ctrl 键和"直接选择工具"调整路径形状。

步骤 7：完成路径文字的创建，保存文件。

拓展练习：其他路径文字的创建。

参考实例 8.2 的海报，完成其他路径文字的创建。

8.2.4　区域文字的创建

下面介绍区域文字的创建方式。在创建区域文字之前也需要创建路径，路径可以使用"钢笔工具"创建，也可以使用"形状工具"创建，但必须为闭合路径。

实例 8.3：临摹制作区域文字。

参照图 8.27 完成区域文字的创建，文字内容任意。

操作步骤如下：

步骤 1：打开区域文字参考图文件。

步骤 2：复制背景图层（组合键"Ctrl+J"）。

步骤 7：完成区域文字的创建，保存文件。

拓展练习：临摹创建区域文字。

参考图 8.29 完成区域文字的创建，文字自定。

图 8.27　区域文字参考图

图 8.28　区域文字路径绘制效果

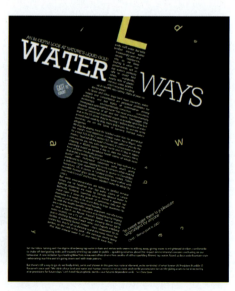

图 8.29　区域文字参考图

8.3 字体设计

8.3.1 字体设计原则

1. 文字的可读性

文字的主要功能是传达信息，即向大众传达作者的设计意图，因此设计中的文字应避免繁杂零乱，要能使人快速识别，切忌为了设计而设计，如果随意更改字体结构或设计过度，会增加文字识别难度。当文字无法被识别的时候，再好的设计用户也看不懂，就无法起到信息传达的目的。

2. 字体的设计形式与文字内容、作品风格统一

选择使用一款字体的时候，除了考虑它的易读性，更多的是考虑这款字体能否准确地传达产品独有的气质。文字的设计要服从作品的风格特征，不能脱离整个作品的风格特征，更不能与之冲突，否则就会破坏文字的诉求效果。字体的设计形式要和它所表现的内容紧密结合，设计时首先要从内容出发，结合文字内容和含义，对字体进行设计，使内容和字体相结合。

3. 文体的美观性

在视觉传达过程中，文字作为画面的形象要素之一，具有传达感情的功能，因此它必须具有视觉上的美感，能够给人以美的感受。字体设计良好、组合巧妙的文字能使人感到愉悦，留下美好的印象，从而获得良好的心理反应；反之，则使人不愉快，视觉上难以产生美感，甚至会让观众拒而不看，这样势必难以传达想表现的意图和构想。

4. 文体的结构具有艺术性和创造性

文字设计成功与否，不仅在于文字内容，也在于其排列组合是否得当。如果一件作品中的文字排列不当、拥挤杂乱、缺乏视线流动的规律，不仅会影响字体本身的美感，也不利于观众进行有效的阅读，难以产生良好的视觉传达效果。

为了产生生动对比的视觉效果，可以从分格、大小、方向、明暗度等方面选择对比的因素。但为了达到整体上组合的统一，又需要从风格、大小、方向、明暗度的方面选择协调的因素。将对比与协调的因素在服从表达主题的前提下有分寸地运用，能产生既对比又协调、具有视觉审美价值的文字组合效果。在文字的组合中，要注意以下几个方面：

（1）人们的阅读习惯。文字组合的目的是增强其视觉传达效果，赋予审美情感，诱导人们有兴趣地进行阅读，因此在组合方式上需要顺应人们的心理感受。

（2）字体的外形特征。不同的字体具有不同的视觉动向。

（3）要有一个设计基调。每件设计作品都有其特有的风格。版面上各种不同字体的组合，一定要具有符合整个作品风格的倾向，形成整体的情调和感情倾向，不能各种文字自成风格，各行其是。总的基调应该是整体上协调，布局于统一之中又有灵动变化，从而具有和谐的效果。这样整个作品才能产生视觉上的美感，符合人们的审美心理。

（4）注重负空间的运用。在文字组合上，负空间是指除字体本身所占用的画面空间之外的空白，即字间距及其周围的空白区域。文字组合的好坏，在很大程度上取决于负空间的运用是否得当，文字的行距应大于字距，否则观众的视线难以按一定的方向和顺序进行流动。

8.3.2 字体设计风格

字体设计要符合一定的设计原则，要根据内容和作品的风格进行选择。常见的字体设计风格包括以下几种。

1. 文艺清新风

文艺清新风是年轻女性很喜欢的一种风格，这类字体清新优美，常用于针对女性消费者海报设计中，如一些护肤品广告、服装广告等的设计就很喜欢使用这种风格（图 8.30）。硬笔书法字体、细长的宋体、等线体都具有这一特点，其他有钟齐安景臣硬笔行书、凌惠体、方正静蕾简体、汉仪家书简体、华文宋体、方正幼线简体等。

2. 男士风

针对男性消费者的字体设计风格倾向于阳刚、大气、简单、冷酷，文字造型富有力度，给人坚固挺拔的感觉；颜色上冷色调偏多（图 8.31）。可以选择简洁有力的字体，如造字工房力黑、方正兰亭特黑、大黑、腾祥潮黑、锐字锐线怒放黑体、蒙纳超纲黑体、沙孟海书法字体等。

3. 中国风

中国风是人们很喜欢的字体设计风格，特别在与旅游、茶叶、保健品、土特产、瓷器等相关的设计中比较多见（图8.32）。宋体、楷体、隶书、毛笔字都是具有中国风特色的字体，具体可以选用华康俪金黑、造字工房刻送、方正楷体、方正华隶简体、汉仪字典宋体、方正珊瑚简体、禹卫书法行书简体等。很好的、现成的书法字体比较少，最好是由专人手写或者用笔刷拼凑。

4. "高大上"风

"高大上"风一般都比较简洁，画面元素的质感很好，背景比较干净，所以不宜使用太复杂、太随性的字体。宋体和比较细的等线体是比较不错的选择，如汉仪长宋、汉仪中宋、华文宋体、方正大标宋、方正书宋、方正兰亭纤黑和超细黑等，而且最好不要给字体增加过多的效果（图8.33）。

5. 可爱风

可爱风设计主要针对儿童和年轻女性，颜色饱和度比较高，画面活泼、温和有趣（图8.34），所以相应的字体也应该符合这几个特点，像比较硬朗和规矩的造字工房字体和宋体在这里就不合适了。可以选用比较圆滑、亲和力较强的手写体和卡通字体，如方正少儿体、汉仪粗圆简体、站酷快乐简体、华康少女文字、汉仪娃娃篆体、汉仪荔枝体、华康娃娃体、迷你胖头鱼体等。

6. 手绘风

手绘风一般具有自然、好玩、开放等特性，画面中的文字要很好地融入画面，不能喧宾夺主（图8.35）。所以在选择字体时也要以手写字体为主，如汉仪小麦简体、汉仪跳跳简体、方正喵呜体、方正稚艺简体、造字工房童心体、文鼎奈谷米POP体等。如果对自己的字比较满意，也可以自己动手写。

7. 促销风

促销海报、促销单张、促销折页等促销设计，主要目的是吸引消费者的注意、突出优惠信息等，所以要选择笔画粗且清晰有力的字体，如方正兰亭特黑、方正正大黑、庞门正道标题体、方正汉真广标简体、雅坊美工14、造字工房力黑、造字工房典黑等（图8.36）。

图8.30 文艺清新风字体设计　　图8.31 男士风字体设计　　图8.32 中国风字体设计　　图8.33 "高大上"风字体设计

图8.34 可爱风字体设计　　　　　　　　　　　　　图8.35 手绘风字体设计

图8.36 促销风字体设计

当然，字体设计的风格远远不止以上这些，这里主要罗列了电商设计中常用的字体设计风格，以方便读者理解字体风格和主题内容的统一性处理方法。

8.3.3 字体设计方法

字体是传递信息的重要媒介，是设计中不可或缺的元素。文字作为记录语言的符号及以"形"来表达思想感情的媒介，在现代视觉传达中起到相当重要的作用。字体设计是平面设计师们表现创造力的有效手段，是平面设计中重要的设计元素之一。下面介绍几种常见的字体设计方法。

1. 字体形态变化设计

汉字的"形"是表达思想感情的媒介，它不但是被创造出来的记录语言的工具，而且在现代设计中起到相当重要的视觉传达作用。汉字的标准体是方块状的，可以在创作时作拉长、压扁、倾斜、跷脚、轮廓变形等改变。

（1）拉长就是把方形的字拉成长方形，如汉字字体中的长宋和长美黑。

（2）压扁则是把字体进行垂直压缩，如现代字体中的一些扁体字。

（3）倾斜一般分为两种形式，一是向左倾，二为向右倾。其中右倾是顺势，符合人由左至右的视觉流程，产生具有动感和流畅感的效果，而左倾是逆势，有悖于人的视线的流向，但是能产生一种险峻雄奇的视觉效果，是一种特殊的字体形式。

（4）跷脚是在字体的水平线上（横轴）向上、下进行倾斜移动。

（5）轮廓变形即改变字体的方形轮廓，由圆形、扇形甚至菱形等几何形态取代字体的方形轮廓，可以变形单个汉字，也可以变形字群，形成一套新型字体。

2. 字体笔画变形设计

汉字的形体由基本笔画组合而成，根据汉字书写的线路和笔势，可以将其分为点、横、竖、撇、捺、提、折等最基本的类型。改变汉字笔画的形态和样式，变动调整笔画间的搭配关系都可以达到改变字体造型的目的。改变字体笔画有以下几种方式：

（1）改变笔画的形体样式。比方说将倾斜的笔画变为弯曲的、将弯曲的笔画变为垂直的、将垂直的笔画变为弧形的等；在汉字的起笔和收笔笔画上做文章，改变它们原有的形状，将之变方、变圆、变弯曲等；使字体的整体形态与物象相融，突出汉字的象形特点；对字体的某些局部进行夸张修改，着重突出局部的形象特点。

（2）改变笔画的大小和比例。如拉长缩短，或改变比例。

（3）笔画装饰。即用各种图案、绘画、其他物象等元素对笔画进行修饰，这些图形既可以对文字的笔画进行装饰，与字意本身结合，达到"形意合一"的艺术效果，又可以追求单纯的视觉感受和平衡。

（4）笔画本身质地的置换。不改变字体的原有面目，只是通过改变笔画原有的质地达到变化表意的目的，如保留笔画的轮廓线，笔画内部用其他元素进行置换。

（5）断笔和连笔。在字体设计中，两者往往结合运用。运用此方法时要注意着重分析字体的内部笔画，既要考虑字体内部的连、断笔，又要照顾每个汉字之间的连接，笔画之间要协调呼应，力求自然合理，摒弃牵强生硬、生搬硬套的设计做法。

3. 字构变化设计

字构变化设计是通过改变单个汉字中的笔画空间分布及字群之间的空间位置实现的，主要分为：

（1）笔画的打散重构。即通过笔画之间的重合与交叠，形成大小、疏密、远近等层次，将平面的汉字纵深化。

（2）共用笔画。即利用字体间相通的笔画将字与字连成一体，形成一种连绵流畅的体势，改变原有的空间分割关系。这种方式能在一定程度上减少汉字笔画的烦冗。

（3）创造立体感。即利用人的视觉规律，把原有的平面化的字体造型转化为立体的形式，在视觉上把字体由二维空间带入三维空间。

4. 图文结合设计

将文字和图形结合，采用新的形式和介质更有效地缩短设计与观众之间的视觉与知觉路程，两者的结合所形成的新概念能赋予图形一种特殊含义，有别于它们在未进行设计之前所传达的意思。将文字进行图形化的处理，把文字的形体作为图像看待，以文字的"意"作为进行创作的主导，在造型上拓展强化"意"的表现，用文字之"意"限制规划字形的变化。

5. 夸张设计

（1）局部夸张。用这种方法将汉字的部分加以变形，如将横变粗、将竖变细。这里面涉及一个"度"的问题，在具体设计过程中需要保持文字架构的整体性。

（2）整体夸张。汉字本身以方块的形式存在，在设计过程中可以将方块字整体倾向于圆形化、三角形化、梯形化，使其上大下小、上小下大、上粗下细、上细下粗、上方下圆、上圆下方、外紧内松、外松内紧等。这种方法的重点在于增加汉字本身的对比元素，增添活力。

（3）嫁接。将与汉字相关或不相关的元素加到汉字的骨骼架构上，增加汉字的生动性，实现意想不到的变化。

（4）软化。这种方法颠覆了汉字稳定、坚硬的特点，整体设计倾向软化的特征，可以是局部或者整体的软化。这种方法无形中将方圆对比与刚柔对比相融合。

（5）强化棱角。现有的汉字设计表现方法中，笔画转折处有方有圆，强化棱角可以将汉字棱角倾向于全方、全圆，或者45°倾斜、椭圆转折等，形成汉字本身的一种节奏变化。

（6）打乱汉字构造。汉字本身存在严谨的间架结构，实施这种设计方法就是将汉字本身的横、竖、点、撇、捺、转、折等元素的间距或搭配打乱，进行重置。这种方法在具体制作的时候可分为两种：一种是将汉字笔画完全打散，但保持汉字的整体形态感；另一种是将结构打乱，笔画不变，存在形式不变。

对汉字进行设计的方法还有很多，难度也相对比较大，因为与英文相比，英文需要设计的仅仅是26个字母，而常用的汉字有几千个，再加上其中很多结构繁复，设计起来更是烦琐。汉字的字体设计是一个系统的、复杂的工程。

8.3.4 立体字设计

要求：完成"HERO"立体字设计。提供的素材为背景素材和"HERO"文字素材（这里使用的字体是Impact），如图8.37所示。

设计分析：立体字设计是字体设计中经常遇到的设计项目，其因突出的视觉装饰效果被广泛应用在户外海报、App 页面、电商页面中。立体字设计的要领是处理好笔画之间的图层样式关系，制作浮雕、阴影、内发光、投影等效果。

设计步骤如下：

步骤1：新建文件，预设为国际标准纸张A4大小，设置分辨率为300像素/英寸，如图8.38所示。执行"图像"→"旋转画布"→"90度（顺时针）"命令，将新建画板调整成横幅。

步骤2：置入背景素材。执行"文件"→"置入"命令，将提供的背景素材置入画板中，选择背景素材图层，单击鼠标右键，在弹出的快捷菜单中选择"栅格化图层"命令，效果如图8.39所示。

图8.37 "HERO"立体字设计素材

图8.38 新建文件

图8.39 置入背景素材

步骤3：输入"HERO"文字。在工具栏中单击"文本工具"按钮，在字库中选择 Impact 字体，输入"HERO"并设置为白色，调整大小，效果如图 8.40 所示。

步骤4：添加图层样式。单击"HERO"文字所在的图层，单击"图层"面板下方的"添加图层样式"按钮，添加图层样式，效果如图 8.41 所示。

（1）斜面和浮雕。斜面和浮雕包括内斜面、外斜面、浮雕、枕形浮雕和描边浮雕。虽然它们的选项都是一样的，但是制作出来的效果大相径庭。斜面和浮雕参数如图 8.42 所示。

等高线：等高线用来为对象（图层）本身赋予条纹状效果，等高线参数如图 8.43 所示。

"斜面和浮雕"图层样式设置完成后的效果如图 8.44 所示。

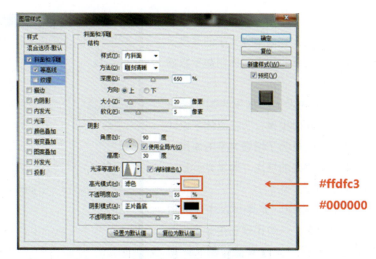

图 8.42　斜面和浮雕参数

图 8.40　输入"HERO"

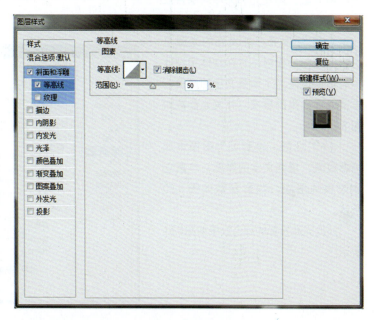

图 8.43　等高线参数

图 8.41　添加图层样式

图 8.44　"斜面和浮雕"图层样式设置完成后的效果

（2）内阴影。内阴影使图像具有凹陷效果，可以增强文字的厚度，丰富立体效果的层次。内阴影参数如图 8.45 所示。

（3）内发光。内发光的光源是由边缘线向内投射，它在立体字设计中的运用也是为了增强文字的厚度，丰富立体效果的层次。内发光参数如图 8.46 所示。

（4）光泽。光泽可以生成光滑的内部阴影，一般用于创建金属表面的光泽外观。光泽参数如图 8.47 所示。内阴影、内发光和光泽的综合效果如图 8.48 所示。

（5）外发光。外发光的光源是由边缘线向外投射，它在立体字设计中的运用也是为了增强文字的厚度，丰富立体效果的层次。外发光参数如图 8.49 所示。

（6）投影。投影可为图像添加阴影效果，增强文字的厚度，丰富立体效果的层次。投影参数如图 8.50 所示。

外发光和投影的综合效果如图 8.51 所示。

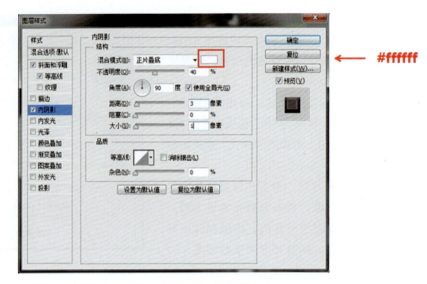

图 8.45　内阴影参数

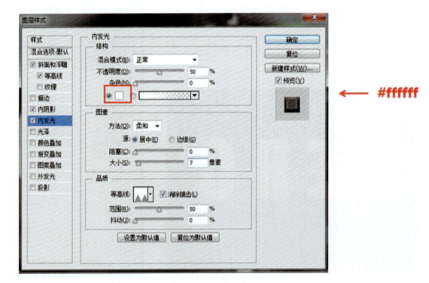

图 8.46　内发光参数

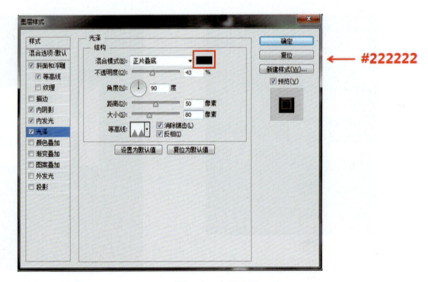

图 8.47　光泽参数

小贴士

使用 Photoshop 图层样式进行立体字设计的时候，有些步骤的效果是细微的，无法一步到位实现最后的字体效果，所以需要耐心地按照步骤一遍遍调试。

图 8.48 内阴影、内发光和光泽的综合效果

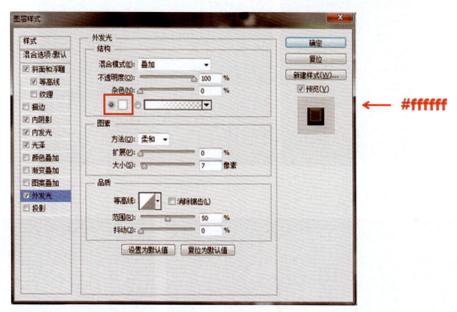

图 8.49 外发光参数

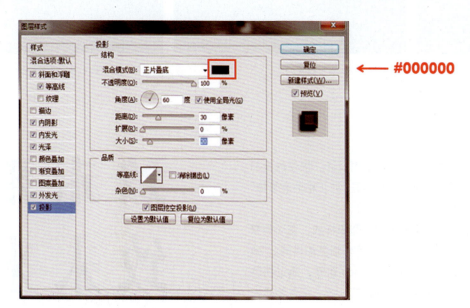

图 8.50 投影参数

图 8.51　外发光和投影的综合效果

步骤 5：细节调整。

（1）图层叠加：单击"HERO"文字所在的图层，将该图层的图层样式设置为"叠加"，为文字赋予背景素材的肌理效果，如图 8.52 所示。

（2）图层复制：图层叠加虽然使文字具有背景素材的肌理效果，但容易使文字的立体效果变弱，因此需要复制"HERO"文字所在的图层，以增强立体字的效果，如图 8.53 所示。立体字设计最终效果如图 8.54 所示。

图 8.52　图层叠加效果

图 8.53　图层复制效果　　　　　　　　　　　　　　　图 8.54　立体字设计最终效果

8.3.5　字体变形设计

要求：完成"致未来"字体变形设计。提供的素材为"致未来"文字（这里使用的字体是"方正粗活意繁体"和"造字工房俊雅"），如图 8.55 所示。

设计分析：改变汉字笔画的形态和样式、变动调整笔画间的搭配关系都可以达到改变字体造型的目的。"致未来"字体变形设计是利用 Photoshop 软件，通过两款字体的笔画结合，调整局部笔画细节，统一字体特点，达到字体变形设计的目的。

图 8.55　"致未来"字体变形设计素材

设计步骤如下：

步骤 1：新建文件，预设为国际标准纸张 A4 大小，设置分辨率为 300 像素 / 英寸。执行"图像"→"图像旋转"→"90 度（顺时针）"命令，将新建画板调整成横幅，并填充红色。

步骤 2：输入"致未来"文字。在工具栏中单击"文本工具"按钮，在字库中选择"方正粗活意繁体"和"造字工房俊雅"字体，输入"致未来①"和"致未来②"文字，并设置为白色，调整大小，效果如图 8.56 所示。

步骤 3：删减字体笔画。

（1）致未来②：复制"致未来②"文字所在的图层，单击鼠标右键复制图层，在弹出的快捷菜单中选择"栅格化图层"命令，选择工具栏中的"删除锚点工具"和"直接选择工具"，删除"致"字的左侧笔画、"未"字的上部笔画、"来"字的上部笔画，效果如图 8.57 所示。

（2）致未来②：复制"致未来②"文字所在的图层，单击鼠标右键复制图层，在弹出的快捷菜单中选择"栅格化图层"命令，选择工具栏中的"删除锚点工具"和"直接选择工具"，删除"致"字的右侧笔画、"未"字的下部笔画、"来"字的下部笔画，效果如图 8.58 所示。

图 8.56　输入"致未来"文字

图 8.57　删减字体笔画（一）

图 8.58　删减字体笔画（二）

步骤4：结合笔画。将"致未来①"删减后的笔画和"致未来②"删减后的笔画结合，效果如图8.59所示。

步骤5：调整笔画细节。将结合后的笔画根据文字的整体高度、宽度、笔画粗细和笔画特点进行调整，效果如图8.60所示。字体变形设计最终效果如图8.61所示。

图8.59 笔画结合效果

图8.60 笔画细节调整效果

图8.61 字体变形设计最终效果

8.3.6 书法字体设计

要求：完成"常"字书法字体设计。提供的素材为"常"文字和书法墨点、墨迹，如图8.62所示。

设计分析：汉字作为迄今为止连续使用时间最长的文字，其字体一般可分为三大类：第一类是从宋代活字印刷发展而来的宋体、黑体；第二类是由书法演变而来的字体，如楷体及钢笔书写的字体；第三类属于美术字体，如综艺体、美黑体。书法字体设计不同于传统书法。传统书法是指以文房四宝为工具抒发情感的艺术，例如小篆，笔画圆匀，富于图案美；草书，变化丰富，奔放跃动。传统书法在追求形式美感的时候，容易丢失辨识性，很多书法非常漂亮，但无法阅读。而字体设计最基本的原则就是文字的可读性，因此书法字体设计既要保留书法的特点，也要保证文字的可读性。

设计步骤如下：

步骤1：新建文件，预设为国际标准纸张A4大小，设置分辨率为300像素/英寸。执行"图像"→"图像旋转"→"90度(顺时针)"命令，将新建的画板调整成横幅。

步骤2：置入"常"文字素材。执行"文件"→"置入"命令，将提供的文字素材置入画板，选择背景素材图层后单击鼠标右键，在弹出的快捷菜单中选择"栅格化图层"命令，效果如图8.63所示。

步骤3：抠取字体外形。单击工具栏中的"钢笔工具"按钮，抠取"常"字外形。先进行第一遍字体外形抠取，填充红色；在第一遍的基础上抠取第二遍字体外形，填充蓝色；在第二遍的基础上抠取第三遍字体外形，填充绿色，修改过程如图8.64所示。修改过程中仅进行字体外形的抠取，没有进行任何字体设计，但是可以发现，第三遍抠取的字体外形已经和原本的字体外形产生了很大的变化。最终效果如图8.65所示。

图8.62 "常"字书法字体设计素材

图8.63 栅格化图层

原图　　　　第一遍　　　　第二遍　　　　第三遍

图 8.64　用"钢笔工具"抠取字体外形修改过程　　　图 8.65　用"钢笔工具"抠取字体外形效果

步骤 4：增加书法墨点、墨迹元素。

（1）在第三次抠取的"常"字的基础上，观察字体结构，分析哪部分的笔画可以修改，并按"Ctrl+Alt+Shift"组合键将"常"字复制，填充黑色，以方便后续设计，效果如图 8.66 所示。

（2）经过观察，"常"字为上下结构，可以选择"常"字末端的笔画进行书法笔触替换，使用工具栏中的"橡皮擦工具"，直接将笔画擦掉，并按 Delete 键，删除笔画，效果如图 8.67 所示。

（3）置入书法墨点、墨迹素材，使用工具栏中的"魔棒工具"去底，选择相应的书法笔触进行笔画替换。根据"常"字的结构，反复调整笔触的方向和大小，效果如图 8.68 所示。

（4）笔画替换完成之后，继续观察字体可以发现，作为完整的书法字体，还缺少一些墨点、墨迹的感觉，所以继续在素材中寻找书法笔触。例如选择一个点笔触，根据字体结构，观察一下放在哪里合适，并且根据字体结构调整大小，效果如图 8.69 所示。

（5）此外本着设计中点、线、面俱全的原则，还可以选择一些墨点、墨迹进行字体装饰，丰富字体的书法感觉。按照这样的设计思路，书法字体设计就完成了，效果如图 8.70 所示。书法字体设计最终效果如图 8.71 所示。

学习链接

字体设计

图 8.66　复制"常"字

图 8.67　删除笔画

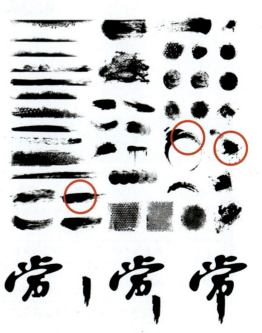

图 8.68　笔画替换

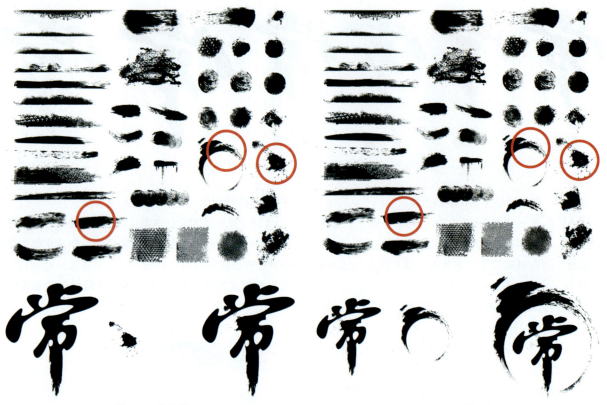

图 8.69 点笔触　　　　　　　　　　　图 8.70 装饰笔触

图 8.71 书法字体设计最终效果

── 学/习/评/价/表 ──

一级指标	二级指标	评价内容	评价方式		
			自评	互评	教师评价
职业能力（50%）	标题文字设计（30%）	能下载和安装字体，能根据给定参考图，使用Photoshop临摹不同风格的标题文字			
	正文文字设计（20%）	能根据给定参考图，使用Photoshop进行正文文字的排版制作			
作品效果（50%）	技术性（10%）	文字设计具有一定的难度			
	美观性（30%）	字体排版符合阅读习惯，运用大小、粗细、深浅等对比体现层级关系，字体整体排版效果美观			
	规范性（5%）	字体选择合理，字体图层规范			
	创新性（5%）	字体设计具有一定的创新性			

本/章/习/题

一、填空题

（1）最常见的宋体属于_____字体。
（2）黑体属于_____字体。
（3）字体的格式为_____。
（4）在一段文字中，如果某一行文字的最前面出现了标点符号，应该_____。
（5）对字体进行变形时，需要将文本图层转化为_____图层。

二、判断题

（1）同一个图层上的多个文字，颜色必须一致。（　　）
（2）在电商海报设计中，字体的选择没有太多限制，可以自由选择，只要好看就可以。（　　）

三、操作题

（1）参考图8.72对"夜色"文字进行字体变形设计
（提示：使用钢笔工具、形状工具、剪切蒙版等。）

图8.72　"夜色"字体设计效果

（2）参考图8.73进行"宋韵市集"海报临摹设计与制作，要求突出"宋韵市集"主标题，整体整体配色合理，插画人物素材可以不用。
（提示：字体可以在原有字体上进行字体变形设计。云的素材可以使用画笔笔刷进行绘制）

图8.73　"宋韵市集"海报参考效果

第4篇
Fourth article

高级应用篇

第 9 章 电商视觉设计

CHAPTER 9

内容概述

本章主要介绍了电商设计领域中常见的设计业务类型,如主图设计、启动图设计和 banner 设计等常见的设计任务。本章介绍 4 个企业真实的设计项目,每个项目以企业设计需求出发,通过设计分析、设计流程分析和设计实现等环节详细介绍了主图、启动图或 banner 设计等的设计思路和设计过程,本章最后设置了一个综合实训项目供学者进行拓展练习。

学习目标

1. 掌握主图设计思路和设计流程;
2. 掌握启动图设计思路和设计流程;
3. 掌握促销 banner 设计思路和设计流程;
4. 掌握电商设计行业规范;
5. 提升素材版权意识;
6. 增强学生职业道德、增强社会责任感;
7. 增强文化自信;
8. 培养开拓进取、精益求精、吃苦耐劳的工匠精神;
9. 培养创新意识和综合设计能力。

本章重点

能应用所学的知识和技能,根据企业提供的设计需求,寻找合适的产品素材,对素材进行抠图、修图和调色处理,完成背景设计和字体设计,最终完成主图、启动图和 banner 的视觉设计。

9.1 电熨斗主图设计

随着电商市场的不断扩大,卖家与卖家之间的竞争也越来越激烈,如果商品没有自己的特色,是很难在竞争中取得优势的。在淘宝店铺的运营中,主图是商品最重要的展示入口,一个有吸引力的商品主图决定了商品吸引力的大小,直接影响商品的点击率,从而影响店铺的流量。优秀的主图设计可以提升店铺的竞争力。

9.1.1 主图设计规范

1. 主图尺寸

主图一般为正方形,宽、高需均大于 480 像素,主图尺寸一般设置为 800 像素 ×800 像素。

2. 主图格式

主图仅支持 JPG 和 PNG 格式。

3. 主图大小

主图不宜过大,建议在 1M 以内。文件越大,买家浏览时的加载速度越慢,这会影响用户体验。

9.1.2 主图设计思路

1. 定位目标人群

不同人群的需求是不同的,高消费人群可能注重品质,而中低消费人群可能倾向于价格;年轻大学生追求款式时尚,而白领群体看中大方得体的款式。

在设计主图之前,首先要根据商品精准定位目标人群,了解目标人群的偏好、消费能力和消费水平。根据目标人群进行主图的风格设定和设计,这样的主图能得到受众群体的青睐,第一时间抓住消费者的眼球,吸引买家点击。

2. 提炼商品的卖点

要根据目标人群去提炼商品的卖点。定位好人群风格之后,要了解消费者的真实需求,挖掘打动消费者的卖点。文案是直接表达卖点的方式。对卖点的描述要简单明了,用最少的字表达出商品最重要的信息。可以将商品的卖点通过关键词表达出来。

很多商家在做主图的时候,总是在无意中忽略消费者的需求,只想着表达自己想要表达的内容,而忽略消费者在搜索关键词时真正想看到的东西,导致最终的主图点击率不高。

消费者购物时都是快速滑动手机屏幕来浏览商品的,能够令买家在最短的时间内感受到商品的价值和有效信息,才能有效地吸引买家购买,否则,就算图片做得再好,也只是短暂地吸引买家的目光而已。

商品至少应该具备一个打动消费者的卖点,才会让消费者点击浏览。如"专柜""正品""原单""精品"等词能给顾客以信任感;"限购一件""限时疯抢""尾货清仓"之类的文案形成急迫策略,均可加强、坚定顾客的购买信念。可以罗列出商品的所有卖点,提炼出最能打动买家的独特卖点,根据此卖点进行主图设计,以让买家过目不忘。

主图设计可以从以下几个方面提炼卖点:

(1)从商品自身优势提炼卖点。从商品自身的性能、外观或功能出发提炼卖点,如商品的材质、体积、颜色、用途、味道、重量、性能、产地、容量、厚薄、风格等。可以通过对比,凸显商品的优势。比如对于儿童手表,妈妈们可能比较在意在孩子洗手、玩水的时候会不会进水,可以考虑将手表深度防水的功能作为卖点,吸引有这部分需求的人群。

(2)抓住消费者的心理,传递优惠促销信息。消费者有一个共性的心理,那就是想买到物超所值的东西,喜欢商品有赠品或相应的售后服务。在设计主图时,可以利用消费者的这一心理,从优惠促销信息内容或售后服务上挖掘卖点。

主图中促销力度的直接展现,往往能够直达客户内心。如果价格策略允许的话,可以好好设计促销活动力度、打折、优惠券信息等。还可以从店铺服务入手,如顺丰包邮、14 天退换、送木架打包(桌椅类)、上门安装服务(水暖、家具类)等。

(3)从品牌文化中挖掘卖点。在主图设计中可以凸显商品的品牌文化,如小众市场、独特新品、商品优势、品牌故事等。

从以上各方面把商品的所有相关卖点一一列举出来,再层层筛选出最能促使顾客购买的卖点。

3. 商品图的选择

商品的展现方式也是影响点击率的重要因素之一。不同的拍摄角度,如整体或特写,会给消费者不一样的心理感受。主图一般建议俯视 30°~45°拍摄,正面以 45°拍摄。方方正正的主图看起来很呆板。就像给人拍照一样,给商品拍照也要讲究技巧,拍摄出来的照片要看起来有灵气，既美观又漂亮，这样才能勾起人们的购买欲望。同时，尺寸的把握是提高商品竞争力的关键，要符合大众审美，符合时代潮流。

4. 差异化的主图设计

在电商平台中，搜索某一类商品时可能出现成千上万种同款商品，想要在众多同质化的商品中脱颖而出，差异化的主图设计显得尤为重要，这样才能体现出商品的与众不同，才能更快吸引买家的眼球，更容易被买家记住。

在大多数商品主图采用深色背景的情况下，采用浅色的背景能立刻抓住消费者的眼球。但是切记要做到美观，与店铺风格不冲突，不能盲目地为了差异而乱用颜色。除了背景差异，还可以对主图的版式布局进行差异化设计。

5. 主图版式布局

主图除了用于搜索页面，还可用于商品首图和"直通车"，它们是店铺的门面，是每一款产品的流量入口。在设计主图时，不能对图片和文字进行随意摆放，下面介绍主图设计中常用的版式布局。

（1）左右布局。左右布局是最常用的主图布局方式，一般适用于文案信息层级较多的主图。文案放左或右的同一侧，突出层级关系。为了便于阅读，文案排版一般采用左对齐或左右对齐的方式，文案颜色及字体均不超过两种，如图9.1所示。

（2）上下布局。上下布局方式是较常用的主图布局方式，一般适用于文案信息层级较少的主图。如图9.2所示，如果文案内容超过两行以上，文案排版建议采用左对齐或居中对齐。

（3）上中下布局。上下布局方式一般适用于文案信息层级较少的主图，商品上方的文字用于突出商品关键信息，商品下方的文字用于描述商品利益点，如图9.3所示。

（4）居中辐射式布局。居中辐射式布局适用于产品较多的主图，通常将文案居中，多个商品围绕文案进行放射状排版，如图9.4所示。

（5）对角布局。对角布局中将文案和商品进行对角排版，通常将商品倾斜摆放，适用于单个商品的主图，如图9.5所示。

（6）混合布局。平台活动时期，主图一般会采用混合布局，除选择前面介绍的某一种布局方式外，还会加上平台统一的活动框架，突出利益点和活动氛围，如图9.6所示。

 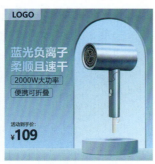

图9.1　主图左右布局

图9.2　主图上下布局

图9.3　主图上中下布局

图9.4　主图居中辐射式布局

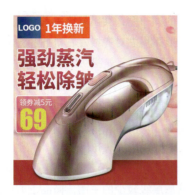

图 9.5 主图对角布局

图 9.6 主图混合布局

9.1.3 电熨斗主图设计实例

项目要求：完成电熨斗主图设计。客户提供了电熨斗商品素材为主商品和品牌 logo，如图 9.7 所示。

图 9.7 电熨斗主商品和素材

文案："可熨衣""可蒸脸""两年质量保障""到手价 39 元"。

设计需求分析：电熨斗为志高品牌的一款家用电器，其功能有两个，不仅可以熨烫衣服，也可用于年轻女性蒸脸。客户主推的是一款绿色电熨斗，结合品牌、目标用户、商品的颜色和功能，采用邻近色配色方案。

为了营造真实氛围，考虑加入蒸汽效果和绿叶素材。

设计步骤如下：

步骤 1：新建文件，宽、高都设置为 800 像素，分辨率设置为 72 像素/英寸，如图 9.8 所示。

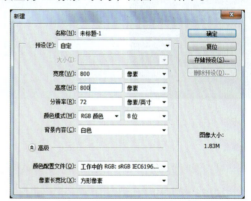

图 9.8 新建主图文件

步骤 2：制作背景。

（1）制作背景上部。新建一个空白图层，填充为橘红色。

（2）制作背景下部。

①绘制矩形。利用"矩形工具"，绘制一个宽为 800 像素、高为 260 像素的矩形。

②修改矩形。利用"直接选择工具",将矩形左上角的锚点向下移动,效果如图9.9所示。

③修改矩形的颜色。选择矩形图层,添加"渐变叠加"图层样式。设置参数如图9.10所示。

a. 设置"混合模式"为"正常"。

b. 设置"渐变"颜色为浅橘红色到深橘红色。

c. 设置角度。倾斜角度大约为104°。

d. 可以适当缩放。

(3)组合"背景上部"和"背景下部矩形"图层。将文件组命名为"背景",背景效果和图层效果如图9.11所示。

步骤3:制作主商品。

(1)对主商品进行精确抠图。

①单独打开电熨斗素材文件。

②利用"钢笔工具"进行外轮廓路径绘制(最好在"路径"面板中保存路径,以便后续修改),将路径转化为选区后,建议收缩1个像素再将电熨斗复制到新的图层。

③利用"钢笔工具"进行内部区域轮廓的路径绘制,将路径转化为选区后,选择复制的图层,删除该部分区域,即完成抠图。抠图效果如图9.12所示。

(2)导入主商品。将抠取的主商品拖曳到主图文件中,转化为智能对象,再调整大小和位置,效果如图9.13所示。很明显能够看到,商品没有投影,显得不够真实,需要制作投影。

(3)制作主商品投影。

①绘制椭圆。椭圆形状和大小尽可能和电熨斗底部吻合,将图层命名为"投影"。

②将"投影"图层转化为智能对象图层。

图9.9 背景下部分创建效果

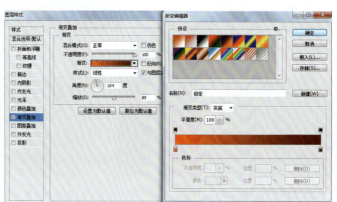

图9.10 背景下部分渐变叠加参数设置

图9.11 背景效果和图层效果

图9.12 电熨斗主商品抠图效果   图9.13 导入电熨斗商品效果

③给"投影"图层增加高斯模糊滤镜。执行"滤镜"→"模糊"→"高斯模糊"命令,设置模糊半径,可以一边设置一边观看效果,不要设置得过于模糊。高斯模糊参数如图9.14所示。

④调整主商品和投影的位置和图层关系。"投影"图层在主商品的下方。投影不要离主商品过远,否则容易让主商品"飘"起来。主商品投影效果如图9.15所示。

(4)制作主商品倒影。为了增加商品的质感,可以考虑给主商品制作一个倒影。

①复制"主商品"图层。选择"主商品"图层,按"Ctrl+J"组合键进行图层复制,将复制的图层命名为"倒影"。

②调整"倒影"图层的位置和顺序。

a. 将"倒影"图层放到"投影"图层的下方。

b. 将倒影进行垂直翻转，移动倒影，让倒影最高点和主商品的最低点刚好接触，如图 9.16 所示。

③对倒影进行变形处理。由于两个底没有完全重合，需要对倒影进行变形处理。

a. 选择"倒影"图层，按"Ctrl+T"组合键，单击鼠标右键，执行"变形"命令。

b. 将左、右两端往上调整，调整效果如图 9.17 所示。

④对倒影进行渐隐处理，让倒影更真实。

a. 选择"倒影"图层，增加图层蒙版。

b. 在蒙版中倒影的位置上，从上往下拉出白色到黑色的渐变。

c. 整体降低"倒影"图层的不透明度到 50% 左右。倒影渐隐效果如图 9.18 所示。

图 9.14　高斯模糊参数设置　　　　　　　图 9.15　主商品投影效果

图 9.16　倒影位置　　　　图 9.17　倒影变形效果　　　图 9.18　倒影渐隐效果

（5）对主商品进行润色处理。由于主商品所在的环境为橘红色，可以使用"色彩平衡"命令给主商品适当增加一些红色和黄色。参数设置如图 9.19 所示。

（6）制作主商品蒸汽效果。为了营造商品的氛围，可以考虑给主商品制作蒸汽效果。

①下载烟雾画笔。可以在设计类网站中搜索"烟雾画笔"，下载烟雾画笔，下载的文件格式一般为 ABR。

②载入画笔。选择"画笔工具"，分别单击图 9.20 所标注的 1、2、3 位置，载入刚才下载的烟雾画笔。

③绘制烟雾。

a. 在"主商品"图层上方新建空白图层，命名为"烟雾"。

b. 选择"画笔工具"，在"画笔工具"属性栏中选择刚才载入的画笔的某一种烟雾效果，在"烟雾"图层中绘制烟雾。可以多选择几个画笔，调整画笔的大小和角度，多尝试几次。绘制效果如图 9.21 所示。

c. 为了增加蒸汽的效果，可以复制刚才的"烟雾"图层，命名为"烟雾 1"，使用"涂抹工具"对"烟雾 1"图层中的烟雾进行涂抹。为了增强效果，可以再复制一个图层进行涂抹。烟雾涂抹效果如图 9.22 所示。

④给"烟雾"图层和"烟雾 1"图层增加蒙版，将多余的部分进行隐藏，效果如图 9.23 所示。

（7）将所有与主商品相关的图层进行编组，命名为"主商品"，图层效果如图 9.24 所示。

步骤 4：制作文案。

（1）创建文案"可熨衣"。由于主图是屏幕上显示的设计作品，为了让主图中的文案能在搜索页中在诸多类似的主图中清晰可见，最好选择无衬线字体。这里设

> **小贴士**
>
> 本例中主商品的质感还可以，不需要再次进行调整。如果客户提供的主商品图比较暗，可以使用"曲线"命令提亮，以增强质感。如果主商品图有瑕疵，需要用"修复工具"进行瑕疵的修复。

置字体为"微软雅黑",为了让字体更加明显,可以选择加粗样式,再设置字符间隔距离、字体颜色等。字体参数设置如图9.25所示。

(2)创建其他文案。用同样的方法创建其他文案。

(3)创建形状。

①创建小的圆角矩形,增加"渐变叠加"图层样式(从上到下为浅紫色到深紫色的渐变)。

②创建大的圆角矩形,颜色填充为土黄色。

(4)调整文案的对齐方式为左右对齐。可以借助参考线完成。

(5)将所有与文案相关的图层进行编组,命名为"文案"。主图文案创建效果如图9.26所示。

步骤5:制作点缀物。

(1)下载绿叶素材。

(2)将绿叶素材导入主图文件。

(3)调整绿叶的位置、角度和大小。

(4)设置绿叶的投影。绿叶投影设置如图9.27所示。为了营造绿叶飘在上空的感觉,最好将距离设置得大一些。降低不透明度,可以让绿叶的投影更真实。

(5)将所有与绿叶相关的图层进行编组,命名为"点缀物"。

小贴士

圆角矩形的半径刚好等于矩形高度的一半。

图9.19 主商品润色处理

图9.20 载入画笔步骤

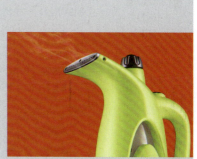
图9.21 烟雾画笔绘制效果

图9.22 烟雾涂抹效果

图9.23 烟雾蒙版效果

图9.24 "主商品"图层效果

图9.25 字体参数设置

（6）调整"点缀物"图层的颜色，在"点缀物"图层的上方增加调整层，执行"可选颜色"命令，调整绿色，让绿叶偏向暖色。为了只让绿叶产生效果，一定要为调整层添加剪贴蒙版。绿叶颜色调整参数如图9.28所示。绿叶颜色调整前、后效果如图9.29所示。

图 9.26　主图文案创建效果

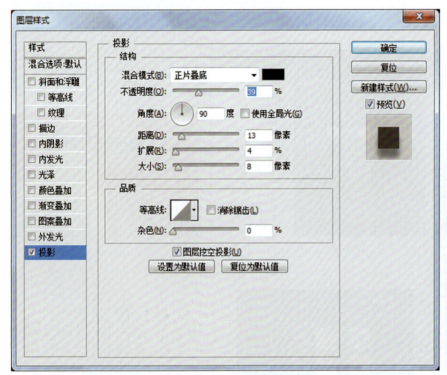

图 9.27　绿叶投影设置　　　　　　　　　　　　图 9.28　绿叶颜色调整参数

图 9.29　绿叶颜色调整前、后效果　　　　　　　图 9.30　电熨斗主图最终效果

9.2 启动图设计

企业设计需求

1. 内容要求：完成一张毕业倒计时启动图设计
2. 尺寸要求：宽 750 像素，高 1334 像素，分辨率 72 像素/英寸
3. 文案要求：

主标题：毕业倒计时 8 天
副标题：不负青春 逐梦未来 青春无悔 奋斗最美
说明文字：为了未来而战 6 月 7 日

4. 参考风格和参考配色要求：分别如图 9.31 和 9.32 所示。

设计分析

该设计效果在手机 APP 启动时展现，一般只有几秒钟时间，展示时间较短，呈现内容不宜过多，以突出文字为主，面向的群体是年轻人，结合风格和色彩设定，可以选择简洁大气的设计风格。由于文字信息比较多，应注意文字的层级关系的确定，以突出主标题中的数字为主，利用图形进行视觉引导，快速引导用户浏览其他文字。

设计流程分析

可以通过参考大量的类似启动图效果图，确定启动图的大致布局。根据布局制作背景，然后对文字进行层级关系的排版，确定背景和文字的颜色，修改布局，为了突出主标题，可以对背景进行背景分割处理，然后绘制图形进行视觉引导，最后调整细节。

启动图设计步骤

步骤 1：新建文件。

新建文件，设置宽为 750，高为 1334，宽都为 800 像素，分辨率为 72 像素/英寸，颜色模式为 RGB 颜色模式，如图 9.33 所示。

图 9.31　参考风格

图 9.32　参考配色

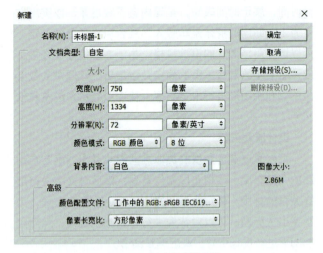

图 9.33 新建启动图文件

步骤 2：制作背景。

（1）制作纯色背景：新建一个空白图层，填充为蓝色，颜色可以从配色参考图中吸取背景色。

（2）制作格子图案。

①新建格子图案。

a. 新建文件，宽度为 59 像素，分辨率同样为 72 像素/英寸，颜色模式为 RGB 颜色模式，背景内容选择"透明"选项。

b. 绘制矩形形状：利用矩形工具绘制宽为 1 像素，高度为 59 像素的矩形形状，颜色可以任意指定。与文件左对齐，上下对齐。复制刚才创建的形状工具，旋转 90 度，与文件顶部对齐，左右对齐。两个形状绘制效果如图 9.34 所示。

小贴士：图案的大小可以根据实际预估格子大小进行设置。

c. 合并两个形状：选择两个形状图层，按住 Ctrl+E 组合键合并形状。

d. 定义形状：关闭其他图层，只打开合并后的形状图层，按 Ctrl+A 组合键全选文件选区，执行"编辑|定义图案"菜单命令，在弹出的"图案名称"对话框中，如图 9.35 所示，可以输入一个自己记得住的图案名字，如"形状定义 59-59.psd"。定义好后可以关闭该文件。

图 9.35 定义图案

②填充图案：选择刚才创建的背景文件，新建一个空白图层，执行"编辑|填充"菜单命令，在弹出对话框中，设置内容为"图案"，在自定义图案中选择刚才创建图案。图案填充效果如图 9.36 所示。

图 9.34 两个形状绘制效果

图 9.36 背景下部分创建效果

③修改图案颜色:选择图案图层,增加 fx 图层样式中的颜色叠加。设置混合模式为正常,设置颜色为纯白色。可以适当降低图案图层的不透明。

(3)制作背景分割。

①制作大的圆角矩形:利用圆角矩形工具绘制大的圆角矩形,大小可以根据需要自定。建议大小(宽 530 像素,高 800 像素),设置颜色为白色,添加描边图层样式,设置颜色为深蓝色(比背景色深)。

②制作红色形状:复制刚才的圆角矩形,设置颜色为红色,去除描边样式,利用减去顶层形状命令,删减红色形状的下半部分区域。绘制效果如下图9.37所示。

图 9.38 底层图形效果

图 9.37 背景分割效果

③制作底层图形:复制大的圆角矩形图层,修改颜色为红色,修改描边为白色,将该图层转化为智能对象图层,增加蒙版,利用黑色硬边画笔擦除不想要的区域,制作效果如图 9.38 所示。

小贴士:图层如果加了图层样式,不能直接增加蒙版,可以先将图层转化为智能对象图层,再增加蒙版。

④利用同样的方法制作两个小的圆角矩形形状,效果如图 9.39 所示。

图 9.39 两个小的圆角矩形形状

⑤制作挂钩效果。

a. 先制作一个小的圆形形状，设置颜色为白色，设置描边为深蓝色。

b. 复制一个圆形形状。

c. 再制作一个圆角矩形，设置颜色为深蓝色，移动三个形状的位置和大小，在视觉上用该圆角矩形将两个圆形进行连接，做出第一个挂钩。

d. 选择这三个形状图层，复制出另外三组挂钩，制作效果如图 9.40 所示。

步骤 3：制作文案。

由于启动图属于移动端的设计作品，为了让文字效果清晰，文字一般采用无衬线字体，这里选择微软雅黑字体。为了让字体层级更加清晰，除通过字体大小对比外，还可以通过粗细对比。比如，主标题建议选择 Bold 样式，副标题选择 Regular 样式，其他辅助文字可以选择 Light 样式。如图 9.41 所示。

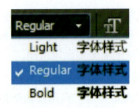

图 9.41　字体样式

制作文案效果如图 9.42 所示。制作时请注意每块文案最好单独一个图层，字体的大小、粗细和间隔距离请要根据视觉引导顺序确定。其中"08"这一文字的效果，可以增加投影图层样式，设置投影的颜色为淡蓝色。

图 9.40　四组挂钩效果

图 9.42　文案制作效果

步骤 4：制作引导图形。

（1）创建圆环：创建两个大小不同的圆形，将两个圆形进行居中对齐，利用减去顶层形状命令。制作圆环。设置圆环颜色为白色。再复制其他几个圆环。

（2）创建箭头：箭头可以使用钢笔工具，也可以使用矩形工具，再用节点进行修改，设置箭头颜色为白色。复制其他箭头。

（3）圆环和箭头创建效果如图9.43所示。

置边为5，在日期旁边创建星形。设置颜色为白色。再复制另一个对称的星形，制作效果如图9.44所示。

（2）细节调整：图形、文案、尽量与文件居中对齐。制作过程中，位置和大小可以进行不断的调整和优化，直到效果满意位置。

小贴士：为了让效果符合用户浏览习惯，也可以将效果图发送到手机进行浏览，确保最小的文字也能让用户看清楚。

图9.43　箭头和圆环效果

图9.44　星形创建效果

步骤5：制作点缀物，调整细节

（1）制作星形：选择多边形形状工具，在工具栏设

9.3 电器Banner设计

要求：完成电器 Banner 设计。客户提供的素材为主商品和品牌 logo，如图 9.45 所示。

文案："美容世界之窗""中日同价　线上首发""专属套餐限时半价"。

设计分析：电器 Banner 是电商商品宣传的重要窗口，Banner 一般是由文案（包括 logo）、商品模特（包括商品图）、背景、点缀物四种元素组成的，Banner 设计要素包括对比、对齐、重复、亲密性。按照不同分类标准，有不同分类方法，例如，按形式感分类有扁平 Banner 和立体 Banner；按是否促销分类有促销 Banner 和非促销 Banner；按构图方式分类有左文右图式 Banner、左图右文式 Banner、居中式 Banner。电器 Banner 设计以粉色调为主，通过左文右图的结构，宣传商品信息。

设计步骤如下：

步骤 1：新建画板，设置尺寸为 785 像素 ×305 像素，设置分辨率为 72 像素/英寸，如图 9.46 所示。

步骤 2：制作背景。

（1）制作背景颜色。新建一个空白图层，填充为粉色（#ffa2be）。

（2）制作背景肌理。

①绘制矩形 1：利用"矩形工具"，在画板底部绘制一个细长条，宽度为 8 像素（宽度可以根据效果自行调整，绘制时，在"矩形工具"属性栏中选择"形状"命令），颜色填充为粉紫色（#ff6699）。

②绘制矩形 2：利用"矩形工具"，在画板底部绘制一个宽度为 68 像素的长条（绘制时，在"矩形工具"属性栏中选择"形状"命令），颜色填充为红色到白色的渐变色（#cc3366→#ffffff），填充度调整为 29%。

③绘制矩形 3：利用"矩形工具"，在画板上绘制大小不一的小正方形，分为填色和描边两类，根据画面效果调整不透明度和填充度，效果如图 9.47 所示。

步骤 3：制作文案背景。

（1）绘制矩形 1：利用"矩形工具"，在画板左侧绘制一个圆角矩形（绘制时，在"矩形工具"属性栏中

图 9.45　主商品和品牌 logo 素材

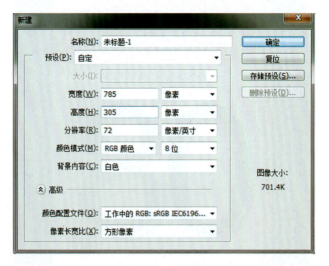

图 9.46　新建画板

图 9.47　制作背景效果

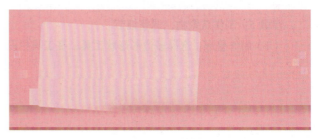

图 9.48　绘制矩形 1

选择"形状"命令），颜色填充为浅粉紫色（#ffcccc），按"Ctrl+T"组合键，向右调整矩形方向；添加图层蒙版，用软画笔修饰矩形形状，效果如图 9.48 所示。

（2）绘制矩形 2：利用"矩形工具"，在画板左侧绘制一个圆角矩形（绘制时，在"矩形工具"属性栏中选择"形状"命令），和矩形 1 等大，颜色填充为浅粉紫色（#ffccff），效果如图 9.49 所示。

（3）绘制投影 1、2：利用"矩形工具"，在"矩形 1"图层上方，绘制一个矩形（绘制时，在"矩形工具"属性栏中选择"形状"命令），略小于矩形 1，颜色填充为红色（#990033），添加图层蒙版，用软画笔修饰矩形形状，填充度调整为 62%，效果如图 9.50 所示。同理绘制右侧投影，效果如图 9.51 所示。投影最终效果如图 9.52 所示。

步骤 4：制作文案。

（1）置入品牌 logo。执行"文件"→"置入"命令，将提供的品牌 logo 素材置入画板中，调整大小，效果如图 9.53 所示。

（2）输入文案。在工具栏中单击"文本工具"按钮，在字库中选择"方正兰亭粗黑简体"，输入"美容世界之窗"，"美容"填充为蓝色（#3366cc），"世界之窗"填充为红色（#ff0066），并调整大小，效果如图 9.54 所示。同理，在字库中选择"方正兰亭中粗黑简体"，输入"中日同价　线上首发"（中间空 3 个字符），颜色填充为红色（#ff0066），并调整大小，效果如图 9.55 所示。

（3）文案装饰。利用"矩形工具""直线工具""椭圆工具"和"钢笔工具"分别绘制矩形、直线、圆点和波浪线装饰元素，效果如图 9.56 所示。

步骤 5：主商品图设计。执行"文件"→"置入"命令，将提供的主商品图素材置入画板，调整大小；使用软画笔，填充不同程度的黑色，制作主商品图阴影，效果如图 9.57 所示。

步骤 6：促销文案设计。

（1）促销文案背景设计。利用"椭圆工具"，按"Shift+Alt"组合键绘制正圆，填充红色（#cf1243）。效果如图 9.58 所示。

（2）促销文案文字设计。在工具栏中单击"文本工

图 9.51　绘制投影 2

图 9.52　投影最终效果

图 9.53　置入品牌 logo

图 9.49　绘制矩形 2

图 9.54　文案设计（一）

图 9.50　绘制投影 1

具"按钮，在字库中选择"方正兰亭中粗黑简体"，输入"专属套餐限时半价"，颜色填充为黄色（#ffff00），效果如图9.59所示。

图9.55　文案设计（二）

图9.56　文案装饰

图9.57　主商品图阴影

图9.58　促销文案背景设计

图9.59　促销文案文字设计

9.4　美食Banner设计

企业设计需求

1. 设计要求：完成美食 Banner 设计

2. 时间要求：一个工作日

3. 尺寸要求：750*450像素，分辨率72像素/英寸

4. 文案要求：

主标题：元气早餐活力每天

利益点：乳饮烘焙5折起

5. 风格要求：　黄色或橙色风格，参考风格如图9.60所示

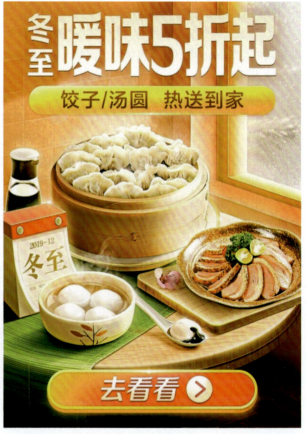

图9.60　参考风格

设计分析

Banner 在外卖 App 中展现，面向的群体是25~45岁年龄段，由于是美食类目的 Banner，一般采用暖色调，素材选用清晰、新鲜、有食欲的食物图片。Banner 文案比较简单，主标题一行，利益点一行。为了体现活动两个字，可以在画面中出现动态的元素，如绿叶等。

设计流程分析

（1）与需求方确定布局和风格；

（2）选择食物素材；

（3）素材抠图；

（4）制作背景；

（5）摆放商品；

（6）制作文案；

（7）细节调整。

吹风机主图设计步骤

步骤 1：与需求方确定布局和风格。

虽然提供了风格参考，建议可以再找几张图和需求方进行进一步沟通，确定 Banner 的构图和配色。

步骤 2：选择食物素材。

为了体现早餐的丰盛多样，建议选择多种类型的食物，食物尽量构图饱满、新鲜、有食欲，食物的形状也最好有大有小、有高有低。

步骤 3：制作背景。

为了营造氛围感，可以为 Banner 制作一个室内的桌面场景。也可以给桌面增加一块桌布素材。制作效果如图 9.61 所示。

图 9.61　背景制作效果

步骤 4：摆放商品

（1）食物素材抠图：对各个食物素材逐个进行精细抠图。

（2）食物素材摆放：将各个食物素材拖拽到场景中进行组合摆放。注意大小和到底的搭配。可以多尝试几次，如果不合适的可以暂时关闭图层。

（3）食物素材投影制作：利用画笔工具绘制商品与桌面的投影、商品与商品之间的投影，颜色可以选择投影所处的位置的颜色。

（4）商品摆放效果如图 9.62 所示。

步骤 5：制作文案。

（1）制作主标题：突出主标题，将利益点放置在画面左边，由于 Banner 属于场景化类型，所以，建议给主标题添加一些立体的效果。

（2）制作利益点：突出利益点，可以在利益点下面绘制一个形状。

文案制作效果如图 9.63 所示。

步骤 6：细节调整。

为了营造氛围感，可以考虑添加光纤，热气等。细节调整效果如图 9.64 所示。

图 9.62　商品摆放制作效果

图 9.63 文案制作效果

图 9.64 细节调整效果

9.5 综合实训

实训名称：电商海报设计与制作。

参考风格：电商海报设计参考风格如图 9.65 所示。

实训需求：

（1）文件大小：750 像素 ×1 200 像素；分辨率：72 像素 / 英寸；

（2）选定一个主题，如产品海报或旅游海报，完成海报的设计与制作。

制作要求：

（1）背景要求：背景素材至少 3 张以上，对背景素材进行有效合成。合成的背景要有层次感（如具备近景、中景和远景；有虚实和明暗的变化）。

（2）产品要求：产品图片要求清晰，产品抠图正确，边缘自然，对产品要进行适当的修图处理，产品要有质感；在海报中要充分突出主产品。旅游海报产品不做要求。

（3）其他素材：所用到的其他素材可以下载，也可以自行绘制；素材抠图正确，边缘自然，素材色彩要与整体风格统一。

（4）文案要求：文案内容自定。

（5）字体设计要求：标题字体要进行字体设计或字体变形，但要确保主标题的可识别性。文案排版要体现层级关系，要突出主标题，整体文案不要超过 3 种字体。

（6）美观性：背景素材、产品素材和字体的色彩色调搭配合理；整体效果美观、尺寸规范、构图合理，要注意多种素材合成的透视关系，注意投影的统一。

（7）制作技术要求：必须要求综合运用 Photoshop 和 Adobe Illustrator 软件，在制作上要求有一定的难度，要包括抠图、修图、色彩色调调整、合成，以及字体设计等各个技术要点。

（8）原创性：作品可以在参考的基础上进行原创制作，不能抄袭，不能使用别人的源文件；一经发现，零分处理。

提交要求：

（1）提交海报效果图 PSD 源文件：源文件中图层要保持分层、不要合并图层，文件用"姓名 电商海报设计"命名。

（2）提交海报效果图 JPG 文件：用"姓名 电商产品海报设计"命名。

（3）提交展示效果图 JPG 文件：展示效果图应包括参考图、效果图、素材等内容，排版自定。

评价标准（满分 100 分）：

（1）规范性（10分）：文件上交及时；文件齐全，文件尺寸规范、促销信息合理、字体规范等；

（2）美观性（40分）：整体效果的美观程度，配色、字体、版式的综合表现力；

（3）技术性（40分）：效果所用的技术难点，制作难易程度等；

（4）创新性（10分）：作品的创意性。

 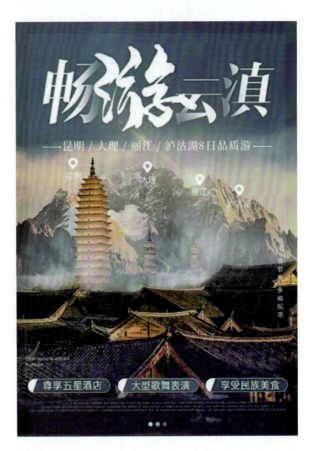

图 9.65　海报设计参考图

> 学习链接

插图的绘制

学/习/评/价/表

一级指标	二级指标	评价内容	评价方式		
			自评	互评	教师评价
职业能力（50%）	设计分析（10%）	能根据给定需求，进行设计分析，完成风格定位			
	背景设计（15%）	能根据设计分析完成海报背景设计			
	字体设计（15%）	能根据设计分析完成海报字体设计			
	细节调整（10%）	能根据设计分析，完成细节修改			
作品效果（50%）	技术性（10%）	海报设计具有一定的难度			
	美观性（25%）	海报设计整体效果美观，层级关系突出，背景和字体设计效果美观，构图和配色合理			
	规范性（10%）	字体选择合理，图层整理规范			
	创新性（5%）	海报设计具有一定的创新性			

附录
APPENDIX

APPENDIX 1 附录 1

Photoshop 快捷键

Photoshop 快捷键

APPENDIX 2 附录 2

电商行业设计规范

电商行业设计规范

附录 3　习题答案

习题答案

附录 4　Photoshop 中常见问题及解决方法

Photoshop 中常见问题
及解决方法

参考文献

一、参考书籍

［1］童海君.网店美工［M］.北京：北京理工大学出版社，2016.

［2］阮春燕.Photoshop CC 图文设计案例教程［M］.北京：电子工业出版社，2017.

［3］孔德川.淘宝店铺装修全攻略［M］.北京：人民邮电出版社，2017.

［4］水木居士.Photoshop 移动 UI 界面设计实用教程［M］.北京：人民邮电出版社，2016.

二、参考网站

［1］花瓣网：https：//huaban.com

［2］站酷网：https：//www.zcool.com.cn

［3］素材中国：http：//www.sccnn.com

［4］学 UI 网：http：//www.xueui.cn

［5］淘宝网：https：//www.taobao.com

［6］百度百科：https：//baike.baidu.com

［7］搜狗微信：https：//weixin.sogou.com